Abhandlungen des Kriminalistischen Instituts
an der Universität Berlin
Begründet von Dr. Franz von Liszt
Vierte Folge Fünfter Band Zweites Heft

Probleme der Strafe der Brandmarkung im Lichte von rechtsvergleichenden Quellen

Von

Dr. jur. Yuvoon Chen

Berlin 1948

Walter de Gruyter & Co.

vormals G. J. Göschen'sche Verlagshandlung — J. Guttentag, Verlagsbuchhandlung
Georg Reimer — Karl J. Trübner — Veit & Comp.

Vorwort

Gegenstand der folgenden Untersuchung ist die Brandmarkung in ihrer Eigenschaft als Kriminalstrafe.

Ueber die Brandmarkung gibt es eine unübersehbare Fülle verschiedener Gesetze und Rechtsvorschriften. Jedoch hat sich die Rechtslehre zusammenfassend mit diesem Gegenstand noch nicht befaßt. Eine anschauliche Vorstellung über dieses Rechtsgebilde ist daher noch nicht vorhanden, die rechtliche Natur der Brandmarkung ist durchaus schwankend.

Die nachfolgende Untersuchung soll im wesentlichen die Strafe der Brandmarkung im engeren Sinne behandeln. Sie beschäftigt sich also nicht mit jeder Erscheinung, die nur äußerlich etwas mit ihr gemeinsam hat. Deshalb wird auch auf die in neuerer Zeit wieder erörterte öffentliche Bekanntmachung bestimmter Kriegsverbrecher nicht weiter eingegangen, ebenso nicht auf die in der deutschen Strafrechtskommission diskutierte Wiedereinführung des Prangers.

Der Verfasser.

Inhalt

§ 1

Begriffsbildung und Abgrenzung

1. Eine Strafe, die in den Rechtsquellen der verschiedensten Länder häufig zu finden ist, ist die Strafe der Brandmarkung. Der Gedanke, einen Uebeltäter, der eine gemeingefährliche Straftat begangen hat, durch ein ihm aufgedrücktes bleibendes Mal auf den ersten Blick als Verbrecher zu kennzeichnen, ist uralt und universal. Uralt, weil wir diesen Gedanken über vier Jahrtausende bis in das 19. Jahrhundert hinein verfolgen können; universal, weil wir ihn in weiter Verbreitung bei verschiedenen Völkern vorfinden. Missetäter, die gewisse Verbrechen oder Uebertretungen begangen hatten, wurden derart gekennzeichnet, daß ihnen mit einem brennenden Eisen[1]) ein Zeichen eingebrannt wurde. Häufig kam es auch vor, daß die Strafe nicht mit einem glühenden Eisen eingebrannt, sondern daß mit einem kalten Eisen[2]) ein Zeichen in die Haut eingekniffen wurde, ein Strafmittel, das schon seit 2½ Jahrtausenden v. Chr. im chinesischen Recht bekannt ist. Aus zahlreichen Quellen, die uns darüber berichten, geht hervor, daß der in Frage kommende Körperteil der Sträflinge mit Nadeln durchstochen und in die Löcher Pulver eingestreut wurde. In Europa, besonders in England, wurde diese Methode erst im 18. Jahrhundert wieder eingeführt[3]). Diese Täto-

---

[1]) v. Schwerin in Hoops Real-Lexikon der germanischen Altertumskunde, Bd. I, S. 309 u. Bd. III, S. 145; Schmid, Altertümer des bürgerlichen und Strafrechts, S. 12; Quistorp, Grundsätze des peinlichen Rechts Deutschlands, S. 99; De Cock, Volkssage, Volksgeloaf en Volksgebruik, S. 73; Poppus, Holländisches Kriegsrecht, S. 5; die ältesten Stadt-, Schiff- u. Landrechte Hamburgs, S. 68; Stöber, Klapperstein nebst ähnlichen Strafarten im Elsaß, S. 92; Kriminalgesetzbuch für Toskana, S. 40; Krohne, Lehrbuch der Gefängniskunde, S. 23; Poullet, Histoire du droit pénal dans l'ancien duché de Brabant, p. 255; im Dictionnaire Encyclopédique Quillet, p. 2839; Strafgesetzbuch St. Gallen (1807) § 65; Kriminalgesetzbuch Basel (1821) § 25, Art. 20; Berner, Strafgesetzgebung in Deutschland, S. 64.

[2]) Encyclopaedia Britannica vol. 4 p. 34; Notes and queries, Bd. 151, p. 87; darin wird berichtet: „Was burning the hand, if that could be calles burning, which was done with a could iron."

[3]) Encyclopaedia Britannica vol. 4 p. 3. Notes and queries, Bd. 151, p. 87. Das Brandmarken bedeutet bei den Griechen ursprünglich Tätowieren, siehe Plut. Perikl. 26; vgl. Pauly-Wissowa; Real-Encyclopädie der klassischen Altertumswissenschaft, Bd. VI, S. 252.

wierung galt damals als die mildere Form gegenüber der Brandmarkung mit glühendem Eisen.

Unter der Einwirkung der Idee der Spezialpraevention und der humanistischen Bewegung des 18. und 19. Jahrhunderts ist die uns heute als unmenschlich anmutende Strafe des Brennens mit glühendem Eisen, ebenso die Tätowierung abgeschafft worden. Immerhin pflegt noch heute die Rechtslehre Deutschlands den Ausdruck „Strafe der Brandmarkung" im übertragenen Sinne zu gebrauchen, nämlich für die Urteilsbekanntmachung, die nicht lediglich dem Privatinteresse des Verletzten dient, sondern die darüber hinaus oder ausschließlich auch die öffentliche Kennzeichnung des Missetäters bezweckt. Auch nach Allfeld[4]) und Eberhard Schmidt[5]) wurde die Urteilsveröffentlichung als Nebenstrafe angesehen. Bemerkenswert ist, daß die Strafjustiz des nationalsozialistischen Deutschlands diesen Gedanken wieder aufgegriffen hat und in steigendem Maße bei bestimmten Kriegsverbrechen (Abhören fremder Sender, Vergehen gegen Lebensmittelversorgung, Verdunkelungsverbrecher) von der Anprangerung durch öffentliche Bekanntmachung des Täters Gebrauch machte. Nach der hier vertretenen Auffassung ist freilich eine Anprangerung durch Urteilsveröffentlichung nicht zur Brandmarkung im engeren Sinne zu zählen[6]).

2. Die ältesten Quellen, die uns im chinesischen Recht von der Strafe der Brandmarkung Kunde geben, bezeichnen sie als Djiän[7]), spätere Quellen als Tzi[8]). Djiän und Tzi bedeuten eine Strafe mittels Tätowierung, die bei den verschiedensten Delikten zur Anwendung kam. Bei den Griechen war die Tätowierung hauptsächlich eine Strafe für das Entlaufen von Sklaven[9]). Römische Aufzeichnungen sprechen von stigma — Einbrennen eines Males mit glühendem Eisen. Deshalb hießen die gewöhnlich bestraften Knechte stigmatiae[10]), scherzhaft auch litterati[11]), stigmati[12]), notati[13]), inscripti[14]). Im Strafrecht der Germanen

---

[4]) Allfeld, Lehrbuch des deutschen Strafrechts S. 273.
[5]) Eb. Schmidt, Z. f. d. g. Str., Bd. 45, S. 20.
[6]) Zu § 3 dieser Abhandlung.
[7]) Chen, Rechtsgeschichte Chinas, S. 37.
[8]) Gesetzessammlung der mandschurischen Dynastie.
[9]) Aristoph., av. 760; Plut. Perikl. 26.
[10]) Petron, 45, 69, 103.
[11]) Plaut., Cas. 401; Apul. Met. IX 12.
[12]) Petron, 109.
[13]) Mart. III, 21, 1.
[14]) Plin. XVIII, 21.

wird diese Strafe nur einmal im longobardischen Recht erwähnt[15]), jedoch ohne eine besondere Benennung.

Die Strafe findet sich dagegen häufig in späteren deutschen Rechtsbüchern und Rechtsquellen. Man begegnet dort folgenden Bezeichnungen: Brennen, Brandzeichen, Brandmarken, Brandmal, Sloteln, Einschröpfung. Das Wort „Brennen" finden wir zuerst im Hamburger Stadtrecht von 1270[16]) und im Augsburger Stadtrecht von 1276[17]). Der Ausdruck „Brennen" war weit verbreitet und hat sich lange erhalten. Zeugnisse seiner Anwendung finden sich im Jahre 1299 in Oesterreich[18]), im 14. Jahrhundert im Bamberger Stadtrecht[19]), im Bayreuther Stadtrecht von 1466[20]), im 16. Jahrhundert im Frankfurter Stadtrecht[21]) und auch in der niederösterreichischen Landgerichtsordnung von 1557[22]).

In ähnlichem Sinne wurden auch die Worte „Brandzeichen" und „Brandmarken" oft gebraucht. Ersteres finden wir zuerst in Oesterreich[23]) im Jahre 1589, dann 1717 in Bern[24]). Das Wort „Brandmarken" wird im Jahre 1698 in Altona[25]) erwähnt, dann im Jahre 1719 in Preußen[26]).

An „Brandzeichen" erinnern auch die Bezeichnungen „Brandmal" oder „Brandmalen", denen wir zuerst in der Sudeten-Hals-Gerichtsordnung von 1707, dann in „Der Herzogtümer Bremen und Verden abgefaßte Policey-, Teich-, Holtz- und Jagdordnung von 1693" und schießlich in der Constitutio criminalis Theresiana von 1768 und späteren Quellen begegnen[27]). Die von „Brennen" und „Brandmarken" herrührende Bezeichnung „Brandmarkung" erscheint in der Constitutio criminalis Theresiana von 1768, ferner

---

[15]) Wilda, Strafrecht der Germanen, S. 515.

[16]) Die ältesten Stadt-, Schiff- und Landrechte Hamburgs, S. 68.

[17]) Art. 37, § 2, im Stadtrecht von Augsburg von 1276.

[18]) Fontes rerum Austriacarum (österreichische Geschichtsquellen) 1855, Bd. II, 1, 2, Nr. 117.

[19]) Echtbuch der Stadt Bamberg (1412—1444), Bd. 14, S. 13.

[20]) Quellen zur Geschichte der Stadt Bayreuth, S. 79.

[21]) Quellen zur Frankfurter Geschichte, Bd. II, S. 135.

[22]) Landgerichtsordnung von Niederösterreich von 1557, I. Art. 49, § 5.

[23]) Fontes rerum Austriacarum, Bd. II, S. 43.

[24]) Berner Mandate, XII, 21.

[25]) Corpus constitutionum reg. Holsaticarum, Bd. I, Teil 1, S. 218.

[26]) Corpus constitutionum Prutenicarum, Bd. III, S. 489.

[27]) Lüning, Corpus juris militaris, Anh. 362, Stadtrecht v. Murten, S. 563.

im § 65 des Strafgesetzes des Kantons St. Gallen, im Strafgesetz der Kantone Aargau, Basel und Schaffhausen.

„Sloteln" finden wir in der gleichen Bedeutung zu Anfang des 13. Jahrhunderts im Hamburger Stadtrecht[28]), dann in einer Verordnung von 1545 in Vlaenderen[29]). Bezeichnungen wie „Einschröpfung" und „Einschröpfen" in der Constitutio criminalis Theresiana erklären sich von selbst[30]).

Zu den quellenmäßigen Bezeichnungen der Strafe tritt eine weitere Reihe von Ausdrücken: „Mercian", „signare"[31]), „Anmöl" und „annmal"[32]), „durch dy zend prenen"[33]) und „durch de tenen bernen"[34]).

Im englischen Recht hieß die Strafe „branding"[35]), im Falle der Tätowierung „cold branding". Die Franzosen haben den Ausdruck „la marque" oder „la flétrissure"[36]), die Holländer sprechen von „Brandteecken"[37]).

3. Die „Brandmarkung" ist eine Strafe, also die nach einer Norm bestimmte Zufügung eines Uebels für eine Missetat. Zur näheren Erfassung dieses Wesens der „Brandmarkung" als Kriminalstrafe muß sie daher gegenüber gleichartigen, aber sachlich nicht dazugehörigen Erscheinungen abgegrenzt werden.

a) Eine Brandmarkung finden wir oft in Verbindung mit religiösen, abergläubischen oder sonstigen Motiven, so z. B. als Zeichen, daß jemand einer bestimmten Religion[38]), einer Kaste

---

[28]) Die ältesten Stadt-, Schiff- und Landrechte Hamburgs, S. 68.

[29]) Cannaert, Bijdragen tot de Kennis van het oude Strafrecht in Vlaenderen, S. 18; vgl. Verwijs-Verdam, Middelnederlandsch Woordenboek, Bd. VII, S. 1308.

[30]) Constitutio criminalis Theresiana von 1768, I, 6, § 2, im Aargau s. Temme, Lehrbuch des schweizerischen Strafrechts nach den Strafgesetzbüchern der Schweiz, S. 262.

[31]) Liebermann, Gesetze der Angelsachsen, Bd. II, 2, S. 328.

[32]) Bamberger Echtbuch (1424), S. 49, vgl. Scheel, das alte Bamberger Strafrecht vor der Bambergensis, S. 27.

[33]) Baier, LR. 1346, § 37 bei v. Freyberg, Bd. IV, S. 406; Münch, Stadtrechtsb. Art. 75; Regensburger Stadtrechtsb. bei v. Freyberg, Bd. V, S. 55; Augsburger Stadtb. von 1276, Art. 27, 2; Knapp, Nürnberger Kriminalrecht, S. 62, vgl. dazu His, Das Strafrecht des deutschen Mittelalters, Bd. I, S. 532.

[34]) Goslarische Statuten, S. 37, 11.

[35]) Bouvier, Law Dictionary, S. 137.

[36]) Tissot, Le droit pénal étudié dans ses principes, t. II p 468—469; Cuche, Précis de droit criminel, p. 127.

[37]) Stallaert, Glossarium van verouderde Rechtstermen, Bd. 1, 5, S. 281.

[38]) Zedler, Universallexikon, Bd. 19, S. 271.

oder einem Stamm angehört[39]), daß jemand von einem Tier gebissen wurde[40]). Es ist verständlich, daß in Zeiten und in Ländern, in denen Recht und Religion noch nicht scharf geschieden waren, bei der „Brandmarkung" — wie bei vielen anderen Rechtsbräuchen — eine Vermischung rechtlicher und religiöser Elemente stattfindet. Symbolische und rituelle Gedanken laufen dabei nebeneinander her; Brauch der Sippe und abergläubische Abwehr wirken zusammen und mischen sich mit rechtlichen Vorstellungen.

Alle diese rituellen oder religiösen Erscheinungen bleiben bei unserer Betrachtung unberücksichtigt, da es sich insoweit um Maßnahmen ohne Strafcharakter handelt.

b) Zweifelhaft ist die Abgrenzung der Brandmarkung gegenüber der Verstümmelung. Wenn z. B. der Meineidige mit Abhauen des Schwurfingers, oder wenn der Verleumder mit Ausschneiden der Zunge bestraft wurde, so wurde er damit gleichzeitig auch für alle Zeiten für das Publikum als Uebeltäter gekennzeichnet. Es ist daher zu prüfen, ob auch diese Verstümmelungsstrafen unter den Begriff der Brandmarkung fallen. Man wird diese Frage verneinend zu beantworten haben. Sowohl die Quellen wie die Rechtslehre zählen das Abhauen des Schwurfingers oder das Abschneiden der Zunge zu den schwersten verstümmelnden Leibesstrafen, die Brandmarkung dagegen zu den Strafen an Haut und Haar[41]).

Will man die begriffliche Scheidung zwischen Leibesstrafen und Strafen an Haut und Haar überhaupt aufrechterhalten, so kann man die Verstümmelungsstrafen nicht schon deshalb zur Brandmarkung rechnen, weil sie gleichzeitig zu einer bleibenden Zeichnung des Bestraften führen. Richtig ist freilich, daß die Begriffe sich hier teilweise berühren, denn die Verstümmelung kam gelegentlich auch im Zusammenhang mit der gewöhnlichen Brandmarkung vor.

Auch ist es nicht unwahrscheinlich, daß Verstümmelung und Brandmarkung geschichtlich die gleiche Wurzel haben, so daß

---

[39]) Dennyson, American Journal of Archaeology, p. 36; Perdriget, le fragment de Satyros sur les dèmes d'Alexandrie, Revue des études anciennes t. 12, p. 236; Bousset, Hauptproblem der Gnosis, S. 286.

[40]) Encyclop. Britannica, Vol. 16, p. 33, Erich u. Beitel, Volkswörterbuch, S. 338; Verwijs-Verdam, Middelnederlandsch Woordenboek, Bd. VII, S. 1308; Zedler, Bd. 19, S. 271; San Nicolo-Ungnad, Neubabylonische Rechts- und Verwaltungsurkunden, Bd. I, S. 100/101.

[41]) Brunner, Deutsche Rechtsgeschichte, II, S. 647; His, Geschichte des deutschen Strafrechts bis zur Karolina, S. 88.

also die Brandmarkung in ihrer ältesten Form von dem Ritual der Verstümmelungsstrafe abgespalten worden ist.

c) Im Mittelalter war die Ausstellung am Pranger die am meisten verbreitete Form für den Vollzug von Ehrenstrafen. Der Verurteilte sollte öffentlich und unter unehrenhaften und lächerlichen Begleiterscheinungen dem Volk gezeigt werden. Es fragt sich infolgedessen, in welchem Verhältnis die Prangerstrafe zur Brandmarkung steht. Man kann sehr wohl daran denken, in dem Ausstellen am Pranger ebenso eine öffentliche Brandmarkung zu sehen wie in der mit dem Brandeisen vollzogenen Zeichnung des Uebeltäters. Trotzdem wird man sagen müssen, daß beide Strafen nicht gleicher Natur sind.

Das Ausstellen am Pranger ist in mehrfacher Beziehung gegenüber der Brandmarkung von schwächerer Wirkung. Die Prangerstrafe ist eine zeitlich begrenzte Freiheitsstrafe von geringerer Bedeutung. Die Brandmarkung dagegen ist keine Freiheitsstrafe, sondern in erster Linie eine symbolische Strafe; gleichzeitig ist sie eine — harte — Leibesstrafe. In letzterer Beziehung freilich herrscht Streit; mitunter wird auch das Ausstellen am Pranger als eine Leibesstrafe angesehen. Man kann jedoch wegen der öffentlichen Zurschaustellung des Körpers bei der Prangerstrafe höchstens von einer indirekten Körperstrafe sprechen. Diese Wirkungen der Leibesstrafe sind aber nicht der Hauptzweck der Prangerstrafe, sondern die Ehrlosmachung.

Ein entscheidender Unterschied zwischen Prangerstrafe und Brandmarkung liegt sodann in dem zeitlichen Moment. Der Prangerstrafe fehlt im Gegensatz zur Brandmarkung das Merkmal der Dauer. Bei der Brandmarkung wird dem Verurteilten ein Zeichen aufgebrannt, das für Lebenszeit ihn als Verbrecher kenntlich macht und ihn mit dieser Kennzeichnung an jeden Ort begleitet. Anders ist es beim Pranger. Dies ist eine bürgerliche Züchtigung, die im Vergleich zur Brandmarkung eine zeitlich begrenzte Wirkung hat, nämlich eine einmalige Minderung des bürgerlichen Ansehens und dies beschränkt auf den Ort, in dem die Anprangerung vollzogen wurde.

§ 2

Verbreitung und geschichtlicher Ueberblick

1. Die Nachrichten, die uns die ältesten Zeiten der chinesischen Geschichte über die Strafe der Brandmarkung geben, sind recht kärglich. Unter diesen Umständen ist es nicht möglich, die älteste Periode genau zu untersuchen. Immerhin reichen die

Quellen aus, um ein hinreichend bestimmtes Bild über den Zustand der damaligen Verhältnisse zu bieten.

Die ältesten Quellen befinden sich im sogenannten „Schuking", einem im Jahre 952 v. Chr. erschienenen Werk, das Rechtsurkunden aus der Vorzeit und den ersten vier Dynastien enthält, nämlich aus der Yü-Dynastie (2255—2205 v. Chr.), der Hsia-Dynastie (2205—1766 v. Chr.), der Schang-Dynastie (1766—1123 v. Chr.), der Tscheu-Dynastie (1122—255 v. Chr.). Im „Schuking"[42]) findet sich folgende Bemerkung: „Der aufrührerische Lehnsfürst Tschuyu (2697 v. Chr.) hetzte das Volk gegen den gelben Kaiser auf. In seinem Fürstentum herrschten Gesetzlosigkeit und heillose Unordnung. Zur Wiederherstellung der Ordnung wurden gegen die Missetäter Strafen verhängt, und zwar wurden Nasenabschneiden, Ohrenabschneiden, Entmannung und Brandmarkung eingeführt."

Ob die Brandmarkung auch schon vor diesen im „Schuking" wiedergegebenen Vorfällen in Anwendung war, läßt sich, da Zeugnisse fehlen, nicht sagen. Einige Zeit später, nämlich im Jahre 2258 v. Chr., übernahm der Kaiser Schün die Brandmarkung und stellte sie bei seinen bekannten fünf Strafen an die erste Stelle. Die Reihenfolge war: Brandmarkung, Nasenabschneiden, Fußabschneiden, Kastration und Todesstrafe[43]).

Sein Nachfolger, Kaiser Hsiayü (2205 v. Chr.) verallgemeinerte dann die Anwendung der Brandmarkung. Im „Schuking"[44]) wird das mit folgenden Worten bestätigt: „In der Hsia-Dynastie sind je 1000 Paragraphen über Nasenabschneiden und Brandmarkung festgesetzt worden." Diese Auskunft ist wichtig, obwohl sicherlich die Zahlenangaben nicht wörtlich zu nehmen sind. Offenbar ist gemeint, daß diese Zahl der mit Brandmarkung geahndeten Tatbestände außerordentlich groß war. Diese „Zahl" verringerte sich später auf 500. Zur Zeit der Tscheu-Dynastie hat Kaiser Mowang (1001—925 v. Chr.) sie wieder auf 1000 erhöht. Die Brandmarkung war in diesem Gesetz ganz allgemein die Strafe für jede leichte Uebeltat[45]).

Einige Jahrhunderte später bieten sich uns weit mehr Quellen für das Vorkommen dieser Strafe. Kaiser Tsinschihwangti der Tsin-Dynastie (255—206 v. Chr.) ging mit Feuer und Schwert gegen seine Gegner und ebenso gegen gefährliche Misse-

---

[42]) Schuking (Buch der Lieder), S. 8.

[43]) Viele Konfuzianer behaupten, daß in jener glücklichen Urzeit die fünf Strafen nur angedroht, nicht aber vollzogen, oder daß sie nur symbolisch vollzogen wurden.

[44]) Schuking, S. 27.

[45]) Tschuli (Sitten und Gebräuche der Tscheu-Dynastie), S. 30.

täter vor. Viele wurden mit Brandmarkung bestraft, insbesondere alle diejenigen, die zur Zwangsarbeit und Bastonade verurteilt wurden[46]).

Unter der Han-Dynastie schaffte Kaiser Wenti (220—265), also etwa 1500 Jahre vor der Publikation der Schrift Beccarias „Dei delitti e delle pene" (1764), auf Grund seiner weitgehenden humanen Einstellung sämtliche Verstümmelungsstrafen und auch die Strafe der Brandmarkung ab. An ihre Stelle traten Abschneiden des Haupthaares und Tragen von Halseisen[47]).

Auch in den folgenden Jahren — Wei-Dynastie (265—317) und Djien-Dynastie (317—420) schien diese Strafe nicht mehr in Gebrauch zu sein. 50 Jahre später wird sie wieder erwähnt. In einem Edikt des Kaisers Mintis (470) heißt es: „Sollte ein Uebeltäter fünfmal Diebstahl oder Raub begehen, so ist er zwecks allgemeiner Bloßstellung mit Brandmarkung zu bestrafen"[48]).

Auch während der Liang-Dynastie (502—557) war die Brandmarkung üblich, wurde aber im Jahre 510 vorübergehend beseitigt[49]). Viele Jahre kam dann diese Strafe nicht mehr zur Anwendung; während der zweiten Liang-Dynastie[50]) (907—1125) und unter der Sung-Dynastie[51]) (960—1127) wurde sie wieder eingeführt. Sie findet sich hier sogar mit ausführlichen Bestimmungen. So werden in der Sung-Zeit die zur Zwangsarbeit Verurteilten dem Heer zugewiesen, während die mit Palast- und Zeremonienarbeiten Bestraften gebrandmarkt wurden. Zwangsarbeit und Brandmarkung galten als Milderung der Todesstrafe, waren aber schwerer als Landesverweisung. Das nächste Edikt ist das des Kaisers Taitsunge aus dem Jahre 968[52]), betreffend die strafrechtliche Behandlung der Eigentumsdelikte. Raub und Diebstahl bis zum Werte von 7 Chien (einer damals gebräuchlichen Kupfermünze) wurden mit Hieben, Brandmarken und Sklaverei bestraft. Bei Raub und Diebstahl im Werte bis 100 Chien wurde der Täter mit Hieben gezüchtigt, im Gesicht gebrandmarkt und mit Landesverweisung verurteilt. Eigentumsdelikte über 100 Chien wurden mit dem Tode bestraft. Zuständig war in diesem Falle die höchste Justizbehörde, in allen übrigen Fällen konnte die Brandmarkung auch durch den Bestohlenen selbst vorgenommen werden. Wurde jedoch ein Diebstahl durch einen Diener gegen seinen Herrn aus-

---

46) Hsüchiaoyang, Quellen zum alten chinesischen Strafrecht, S. 32.

47) Chen, Rechtsgeschichte Chinas, S. 60.

48) Gesetzessammlung der alten Dynastien, S. 51.

49) Strafgesetze der Liang-Dynastie, Bd. XV, S. 34.

50) Strafgesetze der Liang-Dynastie, Bd. III, S. 40.

51) Geschichte der Süd-Sung-Dynastie, Bd. XII, S. 7.

52) Gesetzessammlung der alten Dynastien, S. 62.

geführt, so wurde die Brandmarkung nicht durch den Herrn, sondern durch das Gericht vollzogen.

Für die Fortgeltung der Strafe der Brandmarkung während der Sung-Dynastie kann weiter ein Edikt des Kaisers Jentsung (1023—1032 n. Chr.) angeführt werden[53]. Die Tatbestände, für die als Strafe die Brandmarkung vorgesehen war, wurden in diesem Gesetz beschränkt. Räuber und Diebe wurden gebrandmarkt und anschließend zum Heeresdienst eingezogen, wenn die strafbare Handlung sich auf Werte über 1000 Chien bezog. Erfolgte der Diebstahl in der Hauptstadt und unter Mitführung von Waffen, so erfolgte die Brandmarkung schon bei einem Werte von 400 Chien.

Später finden wir wieder einige Einschränkungen: Im Jahre 1068 verordnete Kaiser Shentsung eine Ausnahme zunächst zu Gunsten der Beamten. Sie sollten nicht mit Hieben und Brandmarkung bestraft werden, wenn sie sich dieser Vergehen schuldig gemacht hatten[54]. Unter der Regierung Chotsungs (1086—1094) wurde eine weitere Einschränkung verfügt[55]. Ein Eigentümer, der fahrlässig den Tod des Pächters verursacht, wird statt mit Brandmarkung mit Landesverweisung bestraft. Schließlich hat Kaiser Hsiaotsung das Gesetz dahin geändert, daß nur Schwerverbrecher mit Brandmarkung im Gesicht zu bestrafen seien[56].

Etwa im 10. Jahrhundert n. Chr. führte Kaiser Taitsung der Liang-Dynastie einen neuen Tatbestand für die Brandmarkung ein[57]. Alle des Landes Verwiesenen, mit Ausnahme der Aristokraten, sollten im Gesicht gebrandmarkt werden. Ein Beispiel dafür ist die Verfügung vom Jahre 937, die sehr ausführlich gehalten ist und die die Gefangenen aus dem Königreich Djing behandelt. Hervorzuheben ist, daß die Brandmarkung während der Liang- und Sung-Dynastien zuerst als Nebenstrafe zur Landesverweisung und zu Freiheitsstrafen auftrat, später dagegen als schwere Strafe bei fortgesetzten Delikten verhängt wurde.

Die Strafe der Brandmarkung blieb in den folgenden Jahrhunderten bestehen. Das beweisen die Vorschriften, die bis Ende des 19. Jahrhunderts in Geltung waren. Als Beispiel seien genannt das Edikt des Kaisers Tienhui aus der Ching-Dynastie[58] (1115—1260), das Edikt vom Jahre 1295[59] (Yüan-Dynastie), die

[53] Gesetzessammlung der alten Dynastien, S. 65.
[54] a. a. O., S. 69.
[55] a. a. O., S. 74.
[56] a. a. O., S. 80.
[57] Strafgesetze der Liang-Dynastie, II, 8.
[58] Geschichte der Ching-Dynastie, II, 3.
[59] Geschichte der Liang-Dynastie, XI, 1.

Novellen[60]) des Kaisers Yintsung vom Jahre 1436 und des Kaisers Shentsung vom Jahre 1533.

2. Wenden wir uns anderen Rechtskreisen außerhalb des deutschen zu, so kommen Quellen aus älterer und aus jüngerer Zeit in Betracht.

Im altindischen Manusriti[61]), einem Werk, das Rechtsvorschriften zwischen dem zweiten Jahrhundert v. Chr. und dem zweiten Jahrhundert n. Chr. wiedergibt, findet sich folgende Stelle: „For violating the bed of a Guru, (the brand of) a female part should be made; for drinking spirituous liquor (the brand of) a liquor sign is ordained; for theft he shall mark (the brand of) a dog's feet (on his forehead), the slayer of a Brahman shall have (the brand of) a headless man stamped on his forehead, and it is forbidden to speak to him" (aus einer englischen Uebersetzung wiedergegeben). Dadurch, daß die Form des eingebrannten Zeichens dem speziellen Delikt angepaßt wird, ist hier neben der wirklichen Strafe der Brandmarkung zugleich eine symbolische Strafe vollzogen, eine Erscheinung, die bei Vollzug dieser Strafe noch öfter zu beobachten ist.

Aehnliche Strafen werden auch in späteren indischen Rechtsbüchern[62]) erwähnt.

Der Codex Hammurabi droht demjenigen, der ein Tempelmädchen oder eine Ehefrau fälschlich der Unzucht beschuldigt, oder der einem Knecht ohne Zustimmung seines Herrn die Knechtsschaftsmarke entfernt, die Strafe der Brandmarkung an (§§ 126, 127, 226, 227) [62a]).

Bei den Griechen war, wie aus Aesch. de fals. leg. 79, Lukian und dem Alex. paed. (3. 10) zu entnehmen ist[63]), die Brandmarkung eine Strafe, die gegen Sklaven angewendet wurde, hauptsächlich für das Entlaufen von Sklaven, aber auch für andere Vergehen. Ferner war es auch üblich, Soldaten und Offiziere, die sich feige vor dem Feind gezeigt hatten, damit zu bestrafen.

In Rom war die Brandmarkung jedenfalls zur Zeit Ciceros bekannt. In „pro Roscio Amerino"[64]) heißt es über die Verleum-

---

60) Geschichte der Ming-Dynastie, V, 7.

61) Minu's Laws Books pp. 229—230 (translated by J. Jolly); The laws of Minu (translated by L. G. Bühler) p. 303.

62) Minu's Laws Books, p. 229.

62a) Kohler u. Peiser, Hammurabi-Gesetz, S. 107.

63) Vgl. Pauly-Wissowa, Real-Encyclopädie der klassischen Altertumswissenschaft, VI, S. 2520.

64) Cicero, Pro Roscio Amerino, 19, 55; 20, 57; sehr umstritten ist deren Anwendung. Davidson, Problems of the Roman Criminal Law, Oxford, 1912, Vol. II, p. 140.

dung: „Si ego hos bene novi, litteram illam, cui vos usque eo inimici estis, ut etiam Kal. omnes oderitis, ita vehementer ad caput affigent, ut postea neminem alium nisi fortunas vestras accusare possitis". Ebenso wie Verleumdung wurden auch Diebstahl[65]), Sklavenflucht[66]) und andere Verfehlungen[67]) bestraft.

3. Aus späterer Zeit kommen in der Hauptsache Quellen aus Frankreich und England in Betracht.

In Frankreich wurde die Brandmarkung im IX. Jahrhundert zur Bekämpfung von Vergehen eingeführt[68]). Im XVI. Jahrhundert scheint diese Strafe im Zusammenhange mit der Galeerenstrafe in noch größerem Umfange in Anwendung gewesen zu sein. Zahlreich sind die Ordonnances und Arrêts, die sich darauf beziehen. Als Beispiel seien genannt: die Ordonnance von 1548, ferner zwei Arrêts von 1532 und 1535, die für die zur Galeerenstrafe Verurteilten beim Strafantritt gleichzeitig die Brandmarkung anordnen[69]). Für andere Delikte ist die Brandmarkung entweder im Gesetz besonders vorgeschrieben: so für Münzfälscher[70]), für Bettler und Vagabunden[71]) oder in den einzelnen Ordonnances geregelt, so für Diebstähle.

Wir hören von dieser Strafe ferner im ehemaligen Fürstentum Lüttich und im Herzogtum Brabant und Maestricht. Poullet[72]) berichtet darüber folgendes: „Dans les documents législatifs du temps, c'est le privilège de Maestricht de 1728, qu'on imprime la marque aux faux témoins ......". Dann erwähnt er weiter: „Le supplice de la marque était comminé par l'article 54 des privilèges de Hasselt, contre les délinquants en rupture de bon, par les édits du 22 Juin 1660, 29 Mars 1669, 12 Mars 1672, 18 Janvier 1696, 7 Octobre 1717 ainsi que par l'édit du 16 Novembre 1750, renouvelé en 1757, 1766, 1770, 1773, 1789, tous dirigés contre les vagabonds." Auch im Herzogtum Brabant kann man die Strafe bis 1292 zurückverfolgen[73]).

---

65) Iuven., IV, 21.

66) Petron, 103; Quint, VII, 4, 17; Ausson, epigr. XV, 3.

67) Petron, 69.

68) Vgl. His, Geschichte des deutschen Strafrechts bis zur Karolina, S. 88.

69) bei Warnkönig u. Stein, Französische Staats- u. Rechtsgeschichte, S. 614.

70) Art. 280, Code penal.

71) Art. 20, Abs. 4 in Verbindung mit Art. 165, Code pénal.

72) Poullet, Essai sur l'histoire du droit criminel dans l'ancienne principauté de Liège, p. 502.

73) Van Coetsem, Du droit pénal au XIIIe siècle dans l'ancien duché de Brabant, p. 137.

Im Strafgesetz von 1791 wurde die Brandmarkung abgeschafft, da sie den Charakter einer ewigen Strafe hat, und insofern dem neuen Gedanken der französischen Revolution widersprach. Das Gesetz vom 22. Floreal des X. Jahres der Revolution und das Gesetz vom 12. Mai 1806 haben sie später wieder eingeführt. Ebenso übernahm sie der Code pénal von 1810, er verallgemeinerte sogar ihren Anwendungsbereich[74].

Erst das Gesetz vom Jahre 1832 schaffte die Strafe endgültig ab.

Auch im jüngeren angelsächsischen Recht ist die Brandmarkung nachzuweisen. Der Referent in „The new international Encyclopedia"[75]) stellt eine Reihe von Beispielen zusammen: The statute of vagabonds (Eduard VI., 1547), ein Statut von James I. (1623) wegen „larcenies under the value of 10 shillings", ein Statut vom Jahre 1695 wegen „coin clipping". Unter Heinrich VII. wurde die Brandmarkung als Strafe für alle Delikte angeordnet. Ihr persönlicher Geltungsbereich wurde auch auf diejenigen Laien erweitert, die sich — als des Lesens und Schreibens kundige Personen — auf den benefit of clergy berufen konnten und insofern an sich von der weltlichen Gerichtsbarkeit freigestellt waren. Sie wurden also in gleicher Weise wie alle übrigen Laien mit Brandmarkung bestraft.

Im 18. Jahrhundert zeigen sich gewisse Unterschiede im Vollzug dieser Strafe. Das Brennen mit glühendem Eisen wurde nicht mehr bei Angehörigen höherer Stände angewendet. Gegen sie wurde vielmehr die Strafe in milderer Form vollzogen, nämlich nur durch Einkneifen mit dem gewöhnlichen kalten Eisen „cold branding" oder „branding with cold irons"[76]). Im Jahre 1829 wurde die Brandmarkung mehrfach abgeschafft, aber noch beibehalten für desertierende Soldaten der Armee. 1858 wurde sie insoweit in der British Mutiny Act legalisiert. Völlig außer Kraft gesetzt wurde sie erst im Jahre 1879.

4. Vereinzelte deutsche Quellen über die Brandmarkung reichen bis in die Zeit der Volksrechte zurück. Zahlreicher werden die Nachrichten in den Stadtrechten, im älteren Reichsrecht und in partikularen Gesetzgebungen.

a) Aus der Zeit der Volksrechte finden wir lediglich einen Hinweis im fränkischen Recht und im longobardischen Volksrecht. In dem Capitulare „de moneta"[77]) wird unter dem

---

[74]) Art. VII, Code pénal 1810.

[75]) New international encyclopedia, vol. XII, p. 669.

[76]) Encyclopaedia Britannica, vol. IX, p. 34.

[77]) Cap. de moneta C. 5, I, 299. Vgl. Brunner, Bd. II, S. 58, Fußnote g.

Stichwort „falsator monetae" die Brandmarkung erwähnt. Es handelt sich in diesem Zusammenhang um die Bestrafung der Falschmünzerei. Im longobardischen Volksrecht wird die Strafe auch bei Diebstahl angewendet: „Ponat ei signum in fronte et facie"[78].

b) Ob die Brandmarkung auch in den folgenden Jahrhunderten angewendet wurde, ist ungewiß, da die Quellen schweigen. Nachweise finden sich erst später in den Stadtrechten. Hier ist zunächst das lübische Recht zu nennen. Es erwähnt aus den Jahren 1220—1260 die Brandmarkung „ad maxillam conteriabitur"[79] und „Muntmal in Manu"[80]. Auch das älteste Hamburger Stadt-, Schiff- und Landrecht[81] aus dem XI. Jahrhundert kennt diese Strafe. Es heißt dort: „Vnde dem def schal men mit eneme gloieden slotele en syn ene leer bernen", ferner: „enen valscher schal men in der kopen bernen, vende dat valsche schal men uppe deme markede bernen openbare". Ebenso sind im Berliner Stadtrecht von 1395[82] Zeugnisse vorhanden: „Bodel halet syn lon .... synen slicht tu bernende 6 schill." Weiter sei noch das Bayreuther Stadtrecht von 1464[83] erwähnt mit folgender Formulierung: „Ein falscher mit spiel oder anderen Sachen dergleichen .... in die styren oder in die Backen brennen ......" Rau[84] bringt in seinen Beiträgen zum Kriminalrecht der Stadt Frankfurt a. M. vom Mittelalter bis 1532 weitere Belege. Eine dieser Stellen lautet beispielsweise: „Die drei Spieler .... durch die Backen brennen und eyner eiffeln bekleiden und das landt verschweren."

Die Kodifikationen der späteren Zeit haben die Brandmarkung meistens mit ausführlichen Bestimmungen übernommen. Auch das Gemeine Recht[85] kannte bereits die Brandmarkung. Sie war dort gewöhnlich mit anderen Leibesstrafen verbunden, meistens derart, daß die Brandmarkung eine Verschärfung des Stäupens darstellte oder neben der Verurteilung zu Zwangsarbeiten ein-

---

[78] Osenbrüggen, Strafrecht der Longobarden. S. 124.

[79] Lübisches Urkundenbuch, I, Nr. 695, „wegen Diebstahl".

[80] a. a. O., I, Nr. 32; Hochdeutsch würde man „Münzmal" sagen, also offenbar das Zeichen der Brandmarkung auf der Hand; der Falschmünzer wurde ja mit glühenden Münzen gebrandmarkt.

[81] Hamburgisches Stadt-, Schiff- u. Landrecht, Bd. I, S. 68.

[82] Berlinisches Stadtbuch, S. 29.

[83] Quellen zur Geschichte der Stadt Bayreuth, S. 79.

[84] Rau, Beiträge zum Kriminalrecht der freien Reichsstadt Frankfurt a. M. im Mittelalter bis 1532, S. 115.

[85] Quistorp, Grundsätze des deutschen peinlichen Rechts, S. 99.

herging. Ebenso findet sich die Brandmarkung im kanonischen Recht, und zwar als Strafe der Laien wegen Ketzerei[85a]).

Hervorzuheben ist, daß der Carolina die Strafe der Brandmarkung unbekannt war, dagegen findet sie sich in den preußischen, bayerischen und österreichischen Kodifikationen. Der Codex juris Bavarici criminalis vom Jahre 1751[86]) setzt die Brandmarkung im Zusammenhang mit Landesverweisung (I, 1 § 11) fest, ferner für ausländische Bettler und Vagabunden ohne Unterschied des Geschlechts (I, 11 § 1). Diese Bestimmung geht wahrscheinlich auf älteres bayerisches Recht zurück. Schon in der Strafordnung des Kaisers Heinrich II. vom 9. 3. 1024[87]) war das Brennen für gefährliche Missetäter angeordnet.

Die neue peinliche Landesgerichtsordnung Kaiser Ferdinands III. für Oesterreich von 1656 bestimmt in Artikel 49: „Der Verurteilte soll an die Richtstätte geführt, ihm dort ein ganzer oder halber Schilling abgestrichen werden. Bisweilen soll man je nach Art des Verbrechens den Täter, wenn er noch jung ist, am Galgen auf dem Rücken brennen." In diesem Zusammenhang ist auch eine Bestimmung der neuen peinlichen Halsgerichtsordnung vom Jahre 1708 für das Königreich Böhmen, Mähren und Schlesien[88]) erwähnenswert. Dort heißt es: „Es muß mit dem Gefangenen eine Durchsuchung gehalten werden, ob er nichts Verdächtiges, übernommene Zeichen, Brandmale, an und bei sich habe." Diese Bestimmung ist insofern interessant, als sie zeigt, daß die Brandmarkung neben ihrem Charakter als Strafe gleichzeitig eine dem heutigen Strafenregister ähnliche Aufgabe erfüllte, indem sie für alle Zeiten festlegt, daß der Betroffene bereits vorbestraft war.

Die im Jahre 1768 veröffentlichte Constitutio criminalis Theresiana[89]) enthält ausführliche Bestimmungen über die „Einschröpfung", und zwar auch hier — ebenso wie im bayerischen Recht — im Zusammenhang mit Landesverweisung. Die Theresiana verhängt Brandmarkung gegen alle Rechtsbrecher, welche ihrer Missetaten und ihrer Gemeinschädlichkeit halber aus allen drei Erblanden verwiesen werden, damit solche landesgefährlichen Leute bei einer etwaigen Rückkehr desto leichter erkannt werden.

[85a]) S. Hinschius v. S. 43, N 3.
[86]) Codex juris Bavarici criminalis, I, 11, § 1.
[87]) Gengler, Beiträge zur bayerischen Rechtsgeschichte, Heft IV, S. 83/84.
[88]) Art. IV, § 7.
[89]) C. C. Theres. 1768, I, 6, § 4.

Josef II. behielt trotz seiner Aufgeschlossenheit für die Ideen der Aufklärung in seinem neuen Gesetzbuch vom Jahre 1788 die grausame Strafe der Brandmarkung bei. Erst 1792 wurden durch Leopold II. die schroffsten Bestimmungen der Josephina beseitigt. Endgültig wurde die Brandmarkung erst unter dem Einfluß der Ideen des Jahres 1848 abgeschafft.

Die einzige preußische Quelle ist eine Circularverordnung vom 26. 2. 1799. Die Brandmarkung wurde hier im Zusammenhang mit Eigentumsdelikten, Diebstahl und Raub festgesetzt. Die Abschaffung der Strafe erfolgt auch hier unter dem Einfluß der Bewegung der 48er Jahre, nämlich auf Grund der Veröffentlichung der „Grundrechte des Deutschen Volkes" vom 29. 12. 1848.

c) Auch die übrigen europäischen Staaten kennen die Strafe der Brandmarkung, so Rußland[90]), die skandinavischen Länder[91]), Portugal[92a]), Spanien[92b]), Italien[93]), Holland[94]) und die Schweiz[95]).

§ 3
Volksbrauch oder Rezeption

Ueberblickt man die Belege über das Vorkommen der Brandmarkung, so erhebt sich die Frage, ob diese Strafe in den Rechten der einzelnen Länder selbständig entstanden ist oder ob sie von einem Ursprungsland in andere Rechtskreise übernommen wurde. Es ist richtig, daß sachlich zwischen den chinesischen, indischen, babylonischen und römischen Rechtssätzen weitgehende Uebereinstimmung besteht. Gleichwohl ist das Material zu knapp und die geschichtliche und geographische Verbindung zu dünn, um einen historischen Zusammenhang dieser Institutionen nachzuweisen. Es liegt sicher eine unabhängige Parallelentwicklung in den verschiedenen Ländern vor.

1. Was China anlangt, so darf wohl behauptet werden, daß die Brandmarkung im Reich der Mitte selbständig entstanden ist. Mit der Ausbreitung der chinesischen Kultur hat sie sich auf die angrenzenden Nebenländer[96]) übertragen und sich dort aufrechterhalten. Daß die Chinesen diesen Brauch selbst erfunden haben,

---

[90]) StGB. von 1845, § 20 u. § 28.
[91]) Vgl. Dreyer, Lebens-, Leibes- u. Ehrenstrafen, S. 106.
[92a]) Vgl. Wrede, Körperstrafe, S. 318.
[92b]) Vgl. a. a. O., S. 318.
[93]) Dahm, Untersuchung d. ital. Strafrechts im Mittelalter, S. 42.
[94]) Stallaert, Glossarium van verouderde Rechtstermen, I, S. 281.
[95]) Temme, Lehrbuch d. schweizerischen Strafrechts, S. 262.
[96]) z. B. in Japan und in Annam usw., vgl. Chen, Rechtsgeschichte Chinas, S. 185.

ist damit allerdings noch nicht gesagt. Wenn man der Darstellung des „Schuking“[97]) folgt, so hat der gelbe Kaiser — ein Herrscher aus dem 3. Jahrtausend v. Chr., der als Begründer der chinesischen Kultur gilt — diese Strafe von dem innerhalb Chinas lebenden Stamm der „Miau“ übernommen, und zwar in der Form, daß zunächst nur die Delinquenten der nicht zivilisierten Völker mit „Djian“ oder „Mo“[98]) bestraft wurden, während für Chinesen diese Strafe nur angedroht, in der Praxis aber zunächst nicht vollzogen wurde.

2. Der Verfasser der „Mutilation“ in der Encyclopaedia Britannica[99]) glaubt, die Strafe des „cold branding“ aus China ableiten zu können, eine Annahme, die schwerlich zu beweisen ist, zumal das „cold branding“, also die Tätowierung mittels kalten Eisens auch bei den Griechen und Römern unter der Bezeichnung „*στιγμα*“ und „Stigma“ bekannt war. Aber auch geographisch und historisch fehlen hinreichende Zusammenhänge, um eine Uebertragung der chinesischen Rechtsinstitute auf das Recht des früheren England behaupten zu können. Nicht so unwahrscheinlich, wenngleich mangels quellenmäßiger Belege nicht beweisbar, ist die Annahme Allens[100]). Er behauptet, die Strafe sei durch die Angelsachsen von den Römern übernommen worden. Ferner ist denkbar, daß dieser Rechtsbrauch auf kirchliches Recht zurückgeht; Holdworth[101]) zeigt uns jedoch, daß er nicht ein Produkt der christlichen Religion, sondern ein Vermächtnis des Altertums ist.

Schlesinger denkt an babylonische Einflüsse[102]). Beweise für diese Zusammenhänge fehlen.

Was das deutsche Rechtsgebiet anlangt, so ist im germanischen Norden die Brandmarkung zweifellos unabhängig vom römischen Recht entstanden. Wir finden, wie in § 2 gezeigt, die Brandmarkung bereits zu einer Zeit, in der irgendeine Beeinflussung durch römisches Recht nicht möglich war. Auf der anderen Seite ist sicherlich mit der Rezeption auch die im römischen Strafrecht übliche Brandmarkung übernommen worden.

---

[97]) Schuking, S. 25.

[98]) „Djian“ wurde auch im alten Recht als „Mo“ bezeichnet. Vgl. Chen, S. 221.

[99]) Encyclopaedia Britannica, vol. 16, p. 33.

[100]) Allen in „New International Encyclopedia“, vol. 3 p. 669.

[101]) Holdworth, A History of English Law, p. 303—304; Reville, Revue Historique, vol. 50, p. 1—4.

[102]) Schlesinger, Geschichte des Symbols, S. 218.

His[103]) lehrt, daß schon im Edikt des longobardischen Königs Liutprand die Strafe auf römische Einflüsse zurückzuführen sei.

Quanter[104]) bestreitet dies. Er begründet seine Zweifel damit, daß — im Gegensatz zum deutschen Brauch — in Rom nicht Münzen und Schlüssel, sondern nur bestimmte Buchstaben eingebrannt wurden, ferner, daß die Strafe bereits in älteren deutschen Quellen zu finden sei. Diese Begründung ist nicht ganz überzeugend. Daß die Brandmarkung bereits in alten deutschen Quellen vorkommt, ist richtig. Der weitere Hinweis auf die Form des eingebrannten Zeichens geht fehl; denn auch die Römer brannten zur Strafe dem Uebeltäter nicht nur Buchstaben, sondern auch Zeichen auf. So wurden in Rom[105]) und in Deutschland[106]) beim Diebstahl Schlüssel eingebrannt, in Frankreich[107]) zwei Lilien. Vielfach wurden auch die Buchstaben der besonderen Art des Verbrechens angepaßt, so in Rom der Buchstabe „K"[108]) für Verleumdung (Calumnia), in Frankreich die Buchstaben „gal"[109]) für Galeerensträflinge, in England die Buchstaben „B C"[110]) allgemein für Verbrechen (bad character).

Für das deutsche Recht läßt sich also wohl behaupten, daß die Brandmarkung teils ihren selbständigen Ursprung in den einzelnen Volksrechten hatte, daß teils aber auch römische Einflüsse vorliegen.

§ 4

Strafbare Tatbestände

Bei Behandlung der dogmatischen Natur der Brandmarkung ist zunächst festzustellen, für welche Delikte die Strafe auferlegt wird. Die Tatbestände sind sehr zahlreich und eine erschöpfende systematische Aufzählung und Zusammenfassung aller einzelnen Fälle ist kaum möglich. Es soll aber wenigstens ein nennenswerter Teil der mit Brandmarkung bestraften Verbrechen benannt werden. Tatbestände, die vereinzelt auftauchen, sind: In Baby-

---

103) His, Geschichte des Strafrechts bis zur Carolina, S. 88.
104) Quanter, Die Leibes- u. Lebensstrafen, S. 412.
105) Vgl. Tissot, le droit pénal, t. I, p. 469.
106) Vgl. Dreyer, Lebens-, Leibes- u. Ehrenstrafen, S. 106.
107) Vgl. Tissot, p. 469.
108) Cic. pro Sext. Roscio 57, vgl. Pauly-Wissowa, III, 1416.
109) Vgl. Tissot a. a. O., S. 469.
110) Notes and Queries, Bd. 151, p. 87.

lonien Hehlerei[111]) und Bruch des Ehevertrages[112]), in Frankreich Kindesaussetzung[113]), in England Bruch des Lohngesetzes[114]) und Ausstellung verbotener Bücher[115]), in China unsinniges Zanken[116]), Ableugnen der einwandfreien Beweismittel im Prozeß[117]), Nichtverbrennung der verbotenen klassischen Bücher[118]). Wir finden ähnliches nicht bei anderen Völkern.

Andere Fälle sind wieder in vielen Ländern und Zeiten gemeinsam: Bestrafung ungehorsamer Sklaven, wobei in Rom[119]) die Strafe vom Herrn vollzogen wurde, in Babylonien[120]), Brabant[121]), England[122]) dagegen vom Gericht; Beamtenvergehen z. B. in China bei Unterlassung der gebotenen Beratung des Herrschers[123]), in Frankreich bei Bestechung[124]), im Kirchenrecht bei Mißbrauch des Siegels[125]), Verurteilung zur Galeerenstrafe und Bastonade wegen gemeingefährlichen Verbrechens, und zwar in China[126]), in Frank-

[111]) § 227, Hammurabi-Gesetz: Wenn jemand die Flucht fördert und die Knechtmarken entfernt.

[112]) Johns, Babylonian und Assyrian Laws, contracts and letters, p. 140.

[113]) Von Overbeck, das Strafrecht der französischen Encyclopädie, S. 100.

[114]) Powell, Rising in East Anglia in 1381, p. 1; auch im späteren englischen Stadtrecht, vgl. Bateson, Borough Customs, vol. I, p. 78.

[115]) Ducane: the punishment and prevention of crime, p. 13, wegen „seditious publications".

[116]) Hsüchiaoyang, S. 168.

[117]) Vgl. Cap. Strafrichter in Tschuli.

[118]) Eine Verordnung von Kaiser Tsin aus dem Jahre 221 v. Chr.: „Wer innerhalb von 30 Tagen die klassischen Bücher noch besitzt, versteckt oder dem Bezirksbeamten nicht abliefert und verbrennen läßt, wird mit Brandmarkung und Bastonade bestraft." Vgl. Hsüchiaoyang, S. 168–170.

[119]) Quint. VII 4, 14: „si quis fugitivo stigmata scrip.", Sleumer: Kirchenlateinisches Wörterbuch, S. 227: „Servilibus notis compunctus" gebrandmarkt mit Sklavenmalen.

[120]) Johns, p. 176.

[121]) Eine zurückgelassene Spur finden wir in der Gerichtspraxis von Brabant in dem Ausdruck „le supplice des esclaves et des serfs": s. Coetsem, S. 137.

[122]) Pike, vol. II, p. 75.

[123]) Schanschu, Cap. I bei Hsüchiaoyang, S. 168.

[124]) Vgl. Wrede, S. 395; Annahme der Geschenke durch oberste Richter; in Portugal s. a. a. O., S. 318.

[125]) c. 3 Urban III. (1185—87) X de crimine falsi V, 20 wegen Fälschung königlicher Siegel; „Eis prius a suis ordinibus degradatis in signum maleficii characterem aliquem imprimi facias, quo inter alios cognoscantur et provinciam ipsam eos abiurare compellens abire permittas", bei Hinschius, Kirchenrecht S. 43 n. 4.

[126]) Hsüchiaoyang, S. 137. Bisweilen wurden auch Sträflinge, die bei Palastzeremonien beschäftigt wurden, aus Sicherheitsgründen gebrandmarkt.

reich[127]) und in Schaffhausen[128]), in England[129]) und in Deutschland[130]) bei Verurteilung von Deserteuren, im Kirchenrecht, gleicherweise in England und Frankreich, wegen Ketzerei[131]), Häresie[132]), Schlägerei und Lärm in heiligen Gebäuden[133]). In Frankreich wurde dieser Tatbestand gegenüber dem englischen Recht besonders erweitert; Objekt der Gotteslästerung ist nicht nur Gott und Christus, sondern auch die heilige Jungfrau[134]). Für viele andere Delikte ist fast überall die Brandmarkung allgemein als Strafe angeordnet, so für Ehebruch[135]), Blutschande[136]—[138]), Entführung[139]), Kuppelei[140]), kleinen Diebstahl[141]), Raub[142]), Münzfäl-

---

127) Krohne, Lehrbuch der Gefängniskunde, S. 23; vgl. Warnkönig und Stein, Französische Staats- u. Rechtsgeschichte, S. 614.

128) Verhängt als Verschärfung bei Ketten- oder Arbeitshausstrafe, s. Temme, S. 262.

129) Encyclopaedia Britannica, vol. 4, p. 34; Notes and Queries, Bd. 151, p. 87 u. Bd. 159, p. 465.

130) Der ehrbaren Hansestädte Schiffsordnung und Seerecht, 4. Art. 25; Königlich Preußisches Seerecht, IX, 32.

131) Im Kirchenrecht findet sich die Strafe der Brandmarkung für Ketzer: „Sequaces vero ibidem confessi vel convicti his exceptis, qui ab eis seducti correptique facile resipiscant, ferro calido frontem et facies signati pellantur. Qui eos postmodum ubicumque locorum repererit libere capiat. Sic enim et eis non deerit poenitentiae locus et ab eorum imitatione execrabili ceteri revocabuntur". S. Hinschius, V. S. 43 n. 3.

132) Pike, vol. I, p. 155. 1160 wurden die „paterines Heretios" auf Grund des Beschlusses des „concil of bishops" in Oxford verfolgt, weil diese Sekte „crime of thinking themselves" beging.

133) Wegen Schlägerei und Erregung von Lärm in heiligen Gebäuden, s. Pike, vol. 2, p. 97: Wenn jemand einen anderen mit Waffen erschlägt oder Waffen mitnimmt mit der Absicht, jemanden zu erschlagen, so sollen ihm nach Ermessen der Richter die Ohren abgeschnitten werden, oder, falls er diese schon verloren hat, wird er wegen jener Tat jetzt gebrandmarkt und exkommuniziert. S. die Statuten 5 u. 6, Edw. 6, S. 4 bei Byrnes, Dictionary of English Law, p. 133 u. Smith and Keep, A Treatise on crimes and misdemeanours, p. 652.

134) Vgl. Hertz, S. 22.

135) In Bamberg s. Scheel, das alte Bamberger Strafrecht, S. 74. In Korsika s. Kohler, S. 48 und 508.

136) In Bamberg s. Scheel a. a. O., S 27; vgl. Bamberger Echtbuch von 1423, S. 43; in Nürnberg s. Knapp, S. 62.

137) Rau, S. 188. So wurde in Frankfurt a. M. auch der Geschlechtsverkehr zwischen Juden und deutschen Frauen als Blutschande angesehen. Typisch ist der Tatbestand in Mirandola (1386) — Kohler S. 525 —: Bei Verwandtschaft in der mütterlichen Linie bis zum 3. Grad mit Brandmarkung bestraft, mit Hinrichtung, wenn in der väterlichen Linie bis zum 3. Grad Blutschande getrieben wurde.

138) Ztschr. der Geschichte für Schleswig-Holstein, Bd. 51, S. 229.

139) In Flandern wurde im Jahre 1658 eine Frau wegen Mitschuld an einer gewaltsamen Entführung gebrandmarkt, s. Cannaert, Bigdragen tot de kennis van het oude Strafrecht in Vlaenderen, S. 50.

schung[143]), Urkundenfälschung[144]), Betrug[145]), Spiel[146]), Bettelei[147]), Landstreicherei [147a]) und Zigeunerunwesen[148]).

---

[140]) Knapp, S. 218; Wegen Treibens der fahrenden Dirnen; in Genua s. Kohler, S. 105: Weil der Kuppler ein unschuldiges Mädchen verführte. Aehnliche Strafmaßnahmen wurden auch in Bern verhängt, s. Berner Mandate von Lüthi, S. 26 u. 21, in Köln, s. Schmüling, S. 74.

[141]) Wegen kleinen Diebstahls in altindischen Manuskripten, s Minu's laws books, p. 44; bei den Griechen, s. Crusius; de indiciis delicta, p. 3 o. 2, n. 131; bei den Römern, s. Iuven. IV 21; im longobardischen Recht und in fränkischen Capitularien, s. Wilda, S. 515 u. Brunner, S. 647. Im Mittelalter griff diese Strafart mehr um sich, meistens in Verbindung entweder mit Peitschung oder Geißelung. In Hamburg s. die ältesten Stadt-, Schiff- u. Landrechte Hamburgs, Bd. I, S. 68. In Dortmund s. Stahm: Das Strafrecht der Stadt Dortmund bis Mitte des 16. Jahrhunderts, S. 256; in Speyer s. Harster, das Strafrecht der freien Reichsstadt Speyer, S. 197; das Oberbayerische Landrecht bestrafte den Dieb nach dem Wert der gestohlenen Sachen mit Brandmarkung, vgl. His, Strafrecht des deutschen Mittelalters I, S. 530; das sächsische Recht bestraft auch den Dieb, der am Tage stiehlt, beutelschneidet oder Badediebstahl begeht; vgl. Zedler, Universal-Lexikon Bd. 4, S. 1070. In England s. New International Encyclopedia, Vol. 3, p. 669, Diebstahl unter 10 Shilling. In Dover Cap. 29, § 3, Nota de Bonis Ecclesiae furatis, s. Bateson, Borough Customs, Vol. I, p. 77. In der Gerichtspraxis wegen Schafdieben, s. Shakespeares England, I, p. 401; wegen Diebstahls in der Kirche: Qui se clericum confessus est, condenti ferro clavis ecclesiae in facie signatura est, s. Bateson, p. 77; Auch die Statuten Siziliens bestraften Diebstahl nach dem Wert der gestohlenen Sache unter Umständen mit Brandmarkung; so Curcola (1271), Bene (1293), Carpi (1247), Perzola (1510) und Urbino (1556); s. Kohler S. 421, 424, 425, 426 u. 430. Ebenso bestrafte man in China den Dieb nach dem Wert der gestohlenen Sache. Vgl. Hsüchiaoyang, S. 60. In Paris wurde Frau del Motte wegen Diebstahls eines Halsbandes der Königin gebrandmarkt, s. Sanson, Henker von Paris, S. 148; in Flandern s. das Gesetz von 1292 in Art. 12: „Wie stale beneden V. Sc. Wert, men sondene teekenen", bei van Coetsem. Du droit pénal au XVIII. siècle dans l'ancien duché de Brabant, p. 203; die Russen dagegen pflegten beim Diebstahl nicht sofort die Brandmarkung anzuwenden; wenn das Abschneiden der Nase dem Verstümmelten noch nicht genügend gebessert hatte, brannte man dem Missetäter lange Figuren auf, s. Quanter, Leibes- u. Lebensstrafen bei allen Völkern und zu allen Zeiten, S. 16.

[142]) Besonders in China wurden Räubereien u. Diebstähle mit Brandmarkung bestraft. Vgl. Chen, S. 90.

[143]) Bei den Franken, wegen Falschmünzerei, s. Cap. de Moneta c. 5. I, 299. Auch nach Lübischem Urkundenbuch I, Nr. 32, S. 42; in Speyer s. Harster, S. 226; in Augsburg s. Stetten, Geschichte der Stadt Augsburg (1743), S. 557; „Zwei Schwestern, Ursula und Magdalena Rigerin, wurden gebrandmarkt, weil sie aus Zinn und Metall Falsch plappart gegossen haben"; in Bamberg zieht schon Ausgeben von falschen Gulden Brandmarkung nach sich, s. Scheel, Das alte Bamberger Strafrecht, S. 86, 87, 88; in Nürnberg s. Knapp, S 254; in Frankreich wegen „Faux au Monnaie" oder „Faux au

Es verdient Erwähnung, daß nach den chinesischen Quellen die Brandmarkung fast ausschließlich für Diebstahl und Raub verhängt wurde, während Sittlichkeitsdelikte oder Religionsverbrechen in chinesischen Nachrichten nicht erwähnt werden Das findet, soweit es sich um Religionsdelikte handelt, seine Erklärung darin, daß im Kulturleben und in der Rechtsauffassung des

---

témoin", s. Günther, S. 123—124, Anm. 278 u. Poullet, Essai sur l'histoire du droit criminel dans l'ancienne principauté de Liège, p. 502; ebenfal's in Flandern, s. Cannaert, Bijdragen tot de Kennis van net onde Strafrecht in Vlaenderen, S. 18; nach englischem Recht wurde der Falschmünzer mit der gefälschten Münze gebrandmarkt, Bateson vol. I, p. 78. Pike, vol. II, p. 295.

[144]) Zu einer Zeit, in der Lesen und Schreiben noch eine seltene Kunst und fast ein Vorrecht des Klerus und einer beschränkten Anzahl anderer Leute war, ist von Urkundenfälschung begreiflicherweise wenig die Rede. Später betreibt in Europa das fahrende Volk in großem Maßstabe die Anfertigung und Fälschung von Legitimationspapieren; so in Pavia 1405, Brandmarkung wegen Urkundenfälschung und wegen falschen Zeugnisses in Nizza; s. Kohler, S. 304. In Deutschland wurde sogar der berühmte deutsche Bildschnitzer Veit Stoss (1503) deshalb gebrandmarkt, s. Stammler, Deutsches Rechtsleben in alter und neuer Zeit, I, S. 47. Vgl. dazu Knapp, S. 260. Interessant ist, daß die Strafe der Brandmarkung auch in das militärische Strafrecht übernommen worden ist, s. Lüning, Corpus juris militaris, Anhang S. 362. Wegen Nachahmung der Unterschrift des Vorgesetzten und unbefugter Verwendung des Siegels, vgl. a. a. O., S. 362. Im holländischen Kriegsrecht sollte demjenigen, der zum zweiten Male den Namen des Herrn mißbrauchte oder lästerte, die Zunge mit einem glühenden Eisen durchstochen werden, s. Poppus: Holländisches Kriegsrecht, Art. I, S. 5.

[145]) Wegen Wahrsagens, s. Cannaert, S. 18 u. 51; vgl. dazu: Verwijs-Verdam, Middelnederlandsch Woordenboek VII, S. 1307.

[146]) Das Bayreuther Stadtrecht bestraft Falschspiel mit Brandmarkung, s. Meyer; Quellen zur Geschichte der Stadt Bayreuth, S. 79. Das Stadtrecht von Bamberg sieht den Grund der Strafbarkeit darin, daß, abgesehen vom Wert dieses Verbrechens an sich Streitigkeiten der allerärgsten Art zwischen dem Betrogenen und dem Betrüger entstehen, s. Scheel, S. 86 ff. Außerdem noch Lappenberg, Landrecht Hamburgs (1845), S. 68. Missetäter, die einen Markstein arglistig ausgerissen haben, wurden gebrandmarkt, s. Quellen zur Frankfurter Geschichte, S. 135.

[147]) u. [147a]) Bestrafung mit Brandmarkung bei Betteln und Herumstreifen von Vagabunden, s. Harster, S. 87; vgl. S. 67; ebenfalls wurden Betteljuden gebrandmarkt; Der Herzogtümer Bremen und Verden abgefaßte Policey-, Teich-, Holtz- u. Jagdordnung von 1693, S. 971; ähnlich Bettelordnung von 1727 bei Staub-Tober, Schweizerisches Idioticon, Bd. IV, S. 246; außerdem vgl. Ave-Lallement, Das Deutsche Gaunertum, I, S. 80; hier handelt es sich um den Fall Anna Sofie Meyers wegen Gaunerei. In Art. III der Deklaration vom 17. Juli 1724 wurde in Frankreich bestimmt, daß, wer arbeitsfähig als Bettler rückfällig wurde, gebrandmarkt wurde. Ferner unterscheidet sie zwischen Bettlern, welche nur einfach das Verbot

Chinesen die Religion nicht einen so entscheidenden Platz einnimmt, wie dies im Leben des Abendländers noch bis heute der Fall ist. Die Religion des Chinesen ist eine praktische realistische Morallehre und daher weit weniger geeignet, Gegenstand eines strafrechtlichen Schutzes zu sein. Das Fehlen dieser Strafe bei Sittlichkeitsdelikten erklärt sich aus einer gewissen Scheu des Chinesen, derartige Tatbestände durch diese Art des Strafvollzuges der breiten Offentlichkeit bekanntzumachen.

In Frankreich war während des Mittelalters die Verurteilung zur Brandmarkung im Falle des Diebstahls noch vielfach eingeschränkt. Sie erfolgte nicht, wenn der Dieb zum Bestohlenen in einem verwandtschaftlichen Verhältnis oder als Gläubiger zu der Sache in einer Beziehung stand, die ihm „den Schein eines Rechts an der Sache geben" konnte[149]. Später wurde in den Stadtrechten Deutschlands und Italiens das Anwendungsgebiet der Strafe weiter ausgedehnt. Mit Brandmarkung wird nicht nur das vollendete Delikt, sondern auch der Versuch bestraft, so in den Fällen in Reggio (1501) und Bologna (1625) bei Tötung mit Gift[150], in Nürnberg bei Mordversuch[151], in Corsika bei Beihilfe zum Ehebruch[152], in Nürnberg bei Beihilfe zur Falschmünzerei[152a], in Köln bei Einwilligung zur Entführung[153] und Anstiftung zur Unzucht[154], in England (1695) bei Besitz von Falschgeld[155].

---

gegen das Betteln übertreten, und solchen, die sich dieser Uebertretung unter erschwerenden Umständen schuldig machen, s. Hertz; Voltaire und Strafrechtspflege, S. 30; vgl. Poullet, p. 788; außerdem noch Code pénal, Art. 280; ebenso am Oberrhein; vgl. die Zeitschrift für die Geschichte des Oberrheins, Nr. 26, S. 388. Aehnlich auch die englischen Strafbestimmungen z. Zt. Richards II. Sie unterscheiden 1. Arbeiter, die nicht arbeiten wollen oder sich unbefugt vom Arbeitsplatz entfernen, 2. Arbeiter, die nur 3 Tage Vagabunden gewesen sind, 3. die Vagabunden, die einen falschen Geburtsort angeben, s. Stephen, History of the criminal laws of England, Vol. III, S. 267. Dazu Byrnes, S. 133; Klöpper, Englisches Real-Lexikon, Bd. II, S. 2027; Shakespeares England, Bd. II, p. 491.

148) In Speyer u. Nürnberg s. Harster, S. 67 u. Knapp, S. 52.

149) Von Overbeck, Das Strafrecht der französischen Encyclopädie, S. 109.

150) Vgl. Bononia Bl. 24 bei Kohler, S. 225.

151) Knapp, S. 62.

152) Corsika 48, bei Kohler, S. 508.

152a) Knapp, S. 254.

153) Schmülling, S. 74. Die Entführte mildert durch ihre Einwilligung die Strafe des Räubers nicht, vielmehr macht sie sich dadurch auch selbst schuldig und wird bei ihrer Ergreifung wegen ihrer Mitschuld an gewaltsamer Entführung mit Brandmarkung bestraft. In Flandern s. Cannaert, S. 50. „Eine Frau ist in 1658 wegen Mitschuld an gewaltsamer Entführung gebrandmarkt."

154) Schmülling, S. 76.

155) Pike, Vol. II, S. 295.

Ueberblickt man das gesamte Anwendungsgebiet dieser Strafe im abendländischen Recht, so läßt sich sagen: Es sind meistens hinterlistige Missetäter, wie Diebe, Betrüger, Urkundenfälscher, Sittlichkeitsverbrecher, an denen die Strafe der Brandmarkung vollzogen wurde.

§ 5

Stand, Geschlecht, Vermögen

Wenig berichten die anderen Verfasser zu der Frage, ob bei der Brandmarkung ein Unterschied zwischen männlichen und weiblichen Personen oder zwischen Angehörigen verschiedener Stände und Vermögensklassen besteht.

1. Konfuzius lehrt, daß die Strafe bei Würdenträgern überhaupt nicht zur Anwendung gelange. Das dürfte in einigen Fällen in der Strafe der Brandmarkung richtig gewesen sein; die Rechtsquellen bestätigen dies gelegentlich. Ein Erlaß des Kaisers Taisung aus dem Jahre 472 n. Chr. verordnet, daß gegen Angehörige von Mandarinfamilien die Strafe der Brandmarkung nicht anzuwenden sei[156]). Ein anderer Fall findet sich in einer Verordnung des Kaisers Shentung aus dem Jahre 1068: „Beamte, die Verbrechen begehen, sind von Prügelstrafe und Brandmarkung ausgenommen"[157]). Diese Unterscheidung hat ihren Grund nicht in Erwägungen strafpolitischer Natur, sondern in einer bestimmten staatsrechtlichen Auffassung. Der Herrscher ist Urheber der Gesetze, und in einem Staat können Gesetze nur durchgeführt werden, wenn das Ansehen der Fürsten und der hohen Staatsdiener gewahrt bleibt[158]). Etwas Aehnliches findet sich im 18. Jahrhundert in England. Angehörige der höheren Stände waren zwar nicht ganz von der Brandmarkung ausgenommen, an ihnen wurde aber die Strafe als „cold branding" vollzogen, was gegenüber der Brandmarkung mit dem glühenden Eisen, dem „white iron", eine mildere Form des Vollzuges bedeutete.

Nach Berichten von Bremen[159]) und Frankfurt a. M.[160]) hat es den Anschein, als sei die Strafe vorwiegend gegen jüdische Delinquenten verhängt worden.

---

[156]) Chen, S. 276.

[157]) a. a. O.

[158]) Yang, Rechtsphilosophie Chinas, S. 49.

[159]) Der Herzogtümer Bremen u. Verden abgefaßte Policey-, Teich-, Holtz- und Jagdordnung von 1693.

[160]) Rau, Beiträge zum Kriminalrecht der freien Reichsstadt Frankfurt a. M., S. 155.

2. Daß F r a u e n von der Strafe der Brandmarkung ausgenommen wären, ist aus dem chinesischen Recht nicht zu entnehmen. Eine Verordnung aus dem Jahre 1664 läßt den Schluß zu, daß Ausnahmen für Frauen nicht gemacht wurden. In dieser Vorschrift wird nämlich ausgeführt, daß an männlichen und weiblichen Personen unter 13 und über 75 Jahre die Strafe der Brandmarkung nicht vollzogen werden dürfe[161]). Daraus ist zu schließen, daß innerhalb dieser Altersgrenze Frauen in gleicher Weise wie Männer bestraft wurden.

Im abendländischen Recht sind die Belege reichlicher; aber auch sie ergeben, daß Frauen in diesem Punkte genau so wie Männer behandelt wurden. England bedrohte in dem „Statute of vagabonds" vom Jahre 1863[162]) Männer und Frauen, die nicht genügend arbeiteten, mit dem „white iron". Auch beim Diebstahl unter 10 Schilling wurde die Strafe in gleicher Weise gegen Männer und Frauen angeordnet[163]). Zahlreich sind die Belege in den Quellen des deutschen Strafrechts, in denen auch Frauen — vielfach Diebinnen, Dirnen und Landstreicherinnen — mit Brandmarkung bestraft wurden[164]). Eine erschöpfende Aufzählung aller Belegstellen ist kaum möglich. Bemerkenswert ist ein Fall, in dem die Strafe sogar während der Schwangerschaft[165]) vollzogen wurde. Auch Frankreich behandelt Männer wie Frauen gleich. Erwähnenswert ist zu dieser Frage folgendes Gedicht:[166])

„A la Madame Valois
Qui contestera ses droits,
La cour de Paris elle-même
Quoiqu'en termes prin perlis,
Lui fait par arrêt suprême
endosser les fleurs de lys."

---

[161]) C h e n , S. 290.

[162]) Vgl. Statute of Edward 6 c. 3 und Statute Law-Revision Act 1863 bei B y r n e s , Dictionary of English Law, p. 133.

[163]) S. Statute 21, Jac. 1. C. 6, in „Notes and Queries", IV, p. 96.

[164]) z. B. im Schrifttum des Vereins für die Geschichte des Bodensees, Bd. 21, S. 435; hier handelt es sich um Elisabeth Seissin, Sera Mayerin und Katharin Müllerin: „Alle drei Landfahrerinnen seynd auf den wider selbe geworffenen Verdacht und beschohene gerichtliche Anzeige zu Bodmann in Arrest gesetzt worden ...... und mit Brandmal gebrandmarkt." S. auch Echtbuch der Stadt Bamberg 1412/44, Bd. 69, S. 13; Urteil vom 21. 7. 1562 bei Hesele, Vom Pranger und verwandten Strafarten in Freiburg in Schauinsland, S. 66. Aehnliches für Nürnberg bei K n a p p , Nürnberger Kriminalität, S. 218—223 u. 254. Für Augsburg vgl. S t e t t e n , S. 567; für Bern vgl. die Chorgerichtssatzungen der Stadt Bern (1743), S. 55 u. Berner Mandate, S. 21.

[165]) C r o p p : Diebstahl nach älterem Recht der freien Städte Hamburg, Lübeck u. Bremen, S. 340.

[166]) Notes and Queries, XII, 186, p. 422.

3. Gewisse Unterschiede in der Anwendung der Strafe bestehen bei den verschiedenen Vermögensklassen, Unterschiede, die sich auch sonst durch das gesamte ältere Strafrecht verfolgen lassen. Rechtlich wurde zwar ein Unterschied zwischen arm und reich nicht gemacht. Tatsächlich war ein solcher vorhanden, weil vielfach die Möglichkeit gegeben war, dem Vollzug der Strafe durch Geldzahlung zu entgehen. Es wird insoweit auf die Ausführungen in § 6 Ziff. 2 dieser Arbeit verwiesen.

§ 6

Hauptstrafe, Nebenstrafe, Ersatzstrafe

1. Ob die Brandmarkung allein als Hauptstrafe oder in Verbindung mit anderen Strafen verhängt wurde, läßt sich nicht einwandfrei feststellen, wie überhaupt bei dieser Strafe eine scharfe Grenze zwischen Haupt- und Nebenstrafe nicht gezogen werden kann. Bei der Entwicklung dieser Strafart ist zu beachten, daß im Laufe der Zeit einzelne Momente, die die Brandmarkung als Hauptstrafe kennzeichnen, verschwunden sind, so daß sich die Brandmarkung später nur noch als Nebenstrafe erhalten hat.

Nach den chinesischen Quellen und im antiken Recht des Abendlandes ist die Brandmarkung eine selbständige Rechtsinstitution. Demgegenüber kennt das jüngere Recht Europas die Brandmarkung nur noch als Nebenstrafe, teils um die Intensität der Hauptstrafe zu verstärken, teils aus reinen sicherheitspolizeilichen Gründen. Der Gesetzgeber wird dabei aus verschiedenen Motiven gehandelt haben, einmal in der Hoffnung, daß es möglich sei, den heimlichen Verbrecher zu kennzeichnen, ferner aber auch aus dem Gefühl für die Notwendigkeit, dem Verletzten eine Genugtuung zu bieten. Kontroversen sind über diesen Punkt kaum entwickelt worden. In jüngeren Gesetzgebungen überwiegt der sicherheitspolizeiliche Gesichtspunkt. Im Aargau und in Schaffhausen[167]) ist die Einschröpfung nur bei besonderer Gefährlichkeit des Verbrechens zulässig, also in Fällen, die mit Landesverweisung und Kettenstrafe bestraft werden. Daraus ergibt sich, daß dort, wo nur noch der Schutzgedanke im Vordergrunde steht, das Hauptgewicht nicht mehr auf die Strafe, sondern auf die Sicherungsmaßnahme gelegt wurde.

Auch im französischen Recht[168]) wird die Brandmarkung, abgesehen von einzelnen Fällen, nie allein, sondern stets im Zu-

---

[167]) Temme: Lehrbuch des schweizerischen Strafrechts nach den Strafgesetzbüchern der Schweiz, S. 262.

[168]) Warnkönig und Stein, Französische Straf- und Rechtsgeschichte, S. 617; Hertz, Voltaire und die französische Strafrechtspflege, S. 19.

sammenhang mit der Verurteilung zur Galeerenstrafe oder zur Auspeitschung ausgesprochen. Als Beispiel dafür sei der Artikel 19 des Code pénal erwähnt, der das Brandmal als Nebenstrafe zur Verurteilung zu lebenslänglicher Zwangsarbeit ausspricht. Nur der Artikel 56 weicht ab. Der Rückfällige wurde nur dann mit Brandmarkung bestraft, wenn lebenslängliche Zwangsarbeit in Zuchthaus umgewandelt wurde[169]).

Bemerkenswert ist die Aehnlichkeit dieser Praxis mit den früheren deutschen und englischen Quellen. So wird nach der Bremer Polizeiordnung von 1693[170]) der Missetäter in Verbindung mit Landesverweisung auch mit Ausstäupen und Brandmarkung bestraft. Ferner wurde am Bodensee[171]) eine Landstreicherin mit angehängten gewöhnlichen Schandzeichen und gebundenen Händen eine Stunde lang öffentlich an den Pranger gestellt, anschließend daran wurde sie mit einem Brandmal versehen. Ein ähnlicher Fall ist aus dem Strafrecht der Stadt Köln[172]) zu berichten: nach Abbüßung der Prangerstrafe wird der des Landes Verwiesene vor den „Stock" geführt. Dort drückt man ihm ein Brandmal auf oder schlägt ihm ein Ohr ab und treibt den Geschändeten alsdann mit Ruten aus der Stadt. Gleiche Berichte findet man aus Nordböhmen[173]), Dortmund[174]), Hamburg[175]) und Bamberg[176]).

Auch für das englische Recht[177]) ist die Brandmarkung eine zusätzliche Strafe zur öffentlichen Auspeitschung und Landesverweisung.

---

[169]) Vgl. Normand, Traité élément. du Droit criminel, p. 254.

[170]) Der Herzogtümer Bremen und Verden abgefaßte Policey-, Teich-, Holtz- und Jagdordnung von 1693, S. 815.

[171]) Schriften des Vereins für Geschichte des Bodensees, Bd. 28, S. 435.

[172]) Vgl. Schmülling, S. 41, 74 u. 76.

[173]) Mitteilungen des nordböhmischen Exkursionsclubs, Bd. 32, S. 329.

[174]) Stahm, Das Strafrecht von Dortmund bis zur Mitte des 16. Jahrhunderts, S. 256.

[175]) Cropp, Diebstahl nach älterem Recht der freien Städte Hamburg, Lübeck und Bremen, Bd. II, S. 340.

[176]) Scheel, Das Bamberger Strafrecht, S. 74, s. Mitteilungen des nordböhmischen Excursions-Clubs, Bd. 32, S. 56: Verweisung und Zeichnung der eingezogenen Landesstörer; Harster, Stadtrecht von Speyer, S. 230; Verweisung und Brandmarkung der Zigeuner und Gauner. — So auch in Schlesien, s. Schoppe: Schlesisches Räuber- u. Gaunerwesen, S. 405; im Codex juris Bavarici criminalis, I, II, § 1; in Baden s. die Verordnung von 1707 bei Lenel, S. 186.

[177]) Notes and Queries, XII, p. 422; Shakespeares England, Bd. II, p. 491.

2. Die Ersatzstrafe, die die Rechtsquellen am häufigsten statt der Brandmarkung erwähnen, ist die Geldstrafe. Die Formulierung hierfür ist verschieden. Einmal — so im chinesischen Recht — wird die Brandmarkung primär angeordnet mit der Maßgabe, daß sie durch Geld abgelöst werden kann[178]. In anderen Fällen — so in den Statuten Siziliens — wird an erster Stelle die Geldstrafe angeordnet, an deren Stelle im Nichtzahlungsfalle die Brandmarkung tritt[179]. Auch die dritte Möglichkeit ist zu beobachten: Brandmarkung und Geldstrafe sind gleichzeitig nebeneinandergestellt[180].

Kohler[181] meint, daß in den sizilianischen Statuten zunächst eine Geldstrafe angeordnet wurde, die dann im Laufe der Zeit in eine Verstümmelungsstrafe, später in Brandmarkung oder Landesverweisung umgewandelt wurde. Ob die Entwicklung wirklich diesen Gang genommen hat, läßt sich schwer feststellen. Im chinesischen Recht ist die Entwicklung sicherlich in umgekehrter Richtung gelaufen; die Brandmarkung war die frühere Strafe, die im Laufe der Zeit durch die Geldstrafe ersetzt wurde.

Im deutschen Recht ist seit dem 13. Jahrhundert jede Strafe an Haut und Haar grundsätzlich durch Geldzahlung ablösbar. His[182] meint allerdings, daß in den Fällen, wo die Brandmarkung allein angedroht wurde, eine Ablösung durch Geld nicht möglich gewesen sei. Ob diese Behauptung in dieser Allgemeinheit aufrechterhalten werden kann, ist zweifelhaft. Rau[183] z. B. führt einen Fall an, den man zum Gegenbeweise verwenden kann. Ein Jude war in Frankfurt wegen Geschlechtsverkehrs mit christlichen Frauen zur Brandmarkung verurteilt. Der Rat änderte das Urteil dahin ab, daß an Stelle der Brandmarkung eine Geldstrafe von 90 Gulden trat.

Wenn in allen vorgenannten Fällen die Brandmarkung auch als subsidiäre Strafe neben der Geldstrafe genannt ist, so ist sie in ihrer praktischen Anwendung doch kaum als Ersatzstrafe zu bezeichnen. Da nämlich die Brandmarkung hauptsächlich gegen Eigentumsverbrecher und Vagabunden verhängt wurde und der-

---

178) Hsüchiaoyang, S. 263 u. 265: In erster Linie Strafe der Brandmarkung, die nachdem mit Geld ablösbar ist.

179) Die Statuten Siziliens setzen Geldstrafe oder Brandmarkung fest: Curzola, Bene, Carpi, Pergola, Urbino, Cesena; s. Kohler: Das Strafrecht der italienischen Statuten vom 12. bis 16. Jahrhundert, Heft 2—6, S. 424, 425, 426 u. 430.

180) So in Como (1276); Brandmarkung auf die Stirne und Zahlung von 25 librae, s. Como a. 157, vgl. dazu Kohler, Heft 2—6, S. 561.

181) Kohler, Heft 2—6, S. 421.

182) His, Das Strafrecht des deutschen Mittelalters, I, S. 532

183) Rau, Beiträge zum Kriminalrecht der freien Reichsstadt Frankfurt a. M., S. 156.

artige Delinquenten über Geldmittel kaum verfügten, so blieb im Grunde genommen die subsidiäre Geldstrafe theoretisch. Sie wurde deshalb im deutschen Recht auch praktisch wenig angewendet.

Das Vorstehende zeigt übrigens, daß die ältere Gesetzgebung den gleichen rechtspolitischen Fehler begeht, wie er auch in modernen Gesetzen vielfach zu finden ist. Der Vermögende kann in gewissen Fällen eine schmerzhafte oder demütigende Strafe durch Geld ablösen, der Arme muß sie erdulden. Bemerkenswert ist dazu die Ueberlegung Dschuhis[184]), eines Schülers von Konfuzius, der aus zwei Gründen die Ablösung der Brandmarkung durch Geldstrafe ablehnte: es würde darin eine Begünstigung des Reichen liegen, und es würde ferner die Sicherheit gefährdet werden, indem die öffentliche Zeichnung eines solchen Verbrechers unterblieb. Dschuhi wollte aus diesem Grunde das entsprechende chinesische Strafgesetz anders auslegen.

§ 7

Rechtliche Natur

Ueber die rechtliche Charakterisierung der Brandmarkung herrscht Streit. Sie wird teilweise als echte Kriminalstrafe aufgefaßt, teilweise lediglich als polizeiliche Sicherungsmaßnahme. Soweit die Brandmarkung als Kriminalstrafe angesehen wird, bestehen wieder einzelne Verschiedenheiten bezüglich der Einordnung in die verschiedenen Strafarten; teils nimmt man eine Leibesstrafe, teils eine Ehrenstrafe, teils lediglich eine symbolische Strafe an. Im einzelnen ist dazu folgendes zu sagen:

1. Hsüchiaoyang[185]) und Rau[186]) betrachten die Brandmarkung als eine Leibesstrafe. Sie sehen in ihr in erster Linie die Zufügung eines körperlichen Uebels. Die drakonische Härte der Strafe dient dazu, den Unwert der Straftat der Allgemeinheit zum augenfälligen Bewußtsein zu bringen und der Gefahr künftiger Wiederholung entgegenzuwirken. Dieser strafpolitische Zweck wird in doppelter Weise verfolgt: in der Androhung und im Vollzug der Strafe. Beide sollen durch psychischen Zwang die Rechtsgenossen von den Straftaten abhalten. In voller Uebereinstimmung mit dieser Grundhaltung betont die Josephina im Abschnitt I, Kapitel 2 ausdrücklich das Motiv der Abschreckung. Man vergleiche die Worte im § 20

---

[184]) Hsüchiaoyang, Rechtsgeschichte Chinas, S. 263.
[185]) a. a. O. S. 60.
[186]) Rau, S. 151.

„Dem Volk zum Beispiel" und in § 25 „zum öffentlichen Beispiel". Die gleiche Formulierung und die gleichen Gedanken finden sich in der kriminalistischen Gerichtsordnung von 1788, Hauptteil XVI, § 239: „Daß, um dem eingerissenen Uebel Einhalt zu tun, nötig wird .... Schrecken zu verbreiten"[187]. Die anschaulichen Schilderungen von Sanson[188]) über den Vollzug dieser Strafe in Frankreich und von Sidney[189]) über England bestätigen, daß für die Anordnung dieser Strafe das Motiv der Abschreckung wesentlich oder mitbestimmend gewesen sein muß. Danach verliert in einem Fall bei Vollstreckung des Urteils der Delinquent 12 Unzen Blut. In einem anderen Fall drang die Verurteilte in ihrem Schmerz auf einen sie haltenden Henkersknecht ein und biß ihm ein Stück Fleisch aus der Hand.

Eine abschreckende Leibesstrafe muß durch die Art ihrer Vollstreckung auf das Gemüt der übrigen Rechtsgenossen derart einschüchternd wirken, daß in ihnen die Neigung zur Tat ausgetilgt und damit die Rechtsordnung vor künftigen Verletzungen bewahrt wird. Bei der Unbestimmbarkeit eines jeden derartigen Einschüchterungsversuches muß eine solche Abschreckungsstrafe bestrebt sein, durch möglichst augenfällige und eindringlich wirkende Eingriffe die denkbar größten Hemmungen zu schaffen. Als Mittel dazu dienen: Vollzug der Strafe in breitester Oeffentlichkeit, ferner Gebrauch eines Zeremoniells, das einen nachhaltigen Eindruck auf die breite Masse hinterläßt. Daß dies offenbar die Absicht der Gesetze war, ergibt eine nähere Durchsicht der positiv rechtlichen Bestimmungen. Der § 24 der Josephina bringt klar „die Oeffentlichkeit der Brandmarkung" zum Ausdruck. Entsprechendes findet sich im Code pénal: „Jeder, der zu lebenslänglichen Zwangsarbeiten verurteilt wird, soll auf öffentlichem Platz gebrandmarkt werden"[190]); im Badischen Recht[191]) werden vagabundierende Diebe auf dem Markt desjenigen Oberamts, das die Untersuchung geführt hat, gebrandmarkt, und zwar vor ihrer Einlieferung ins Zuchthaus; bei gewöhnlichen Landstreichern erfolgt die Prozedur nach ihrer Entlassung. Abweichendes findet sich nur in Basel[192]). Dort fand die Brand-

---

[187]) Vgl. Günther: Idee der Wiedervergeltung, S. 88, Anm. 195.

[188]) Sanson, Henker von Paris, S. 153.

[189]) Sidney, England and the English in the XVIII Century, vol. II, p. 298.

[190]) Vgl. Berner, Strafgesetzgebung in Deutschland, S. 63; Fehr, Das Recht im Bild, S. 106.

[191]) Lenel, Badens Rechtsverwaltung und Rechtsverfassung unter Markgraf Karl-Friedrich, 1738/1803, S. 13; vgl. Gesetzbuch von 1803 Oesterreichs bei Günther, Idee der Wiedervergeltung, S. 100, Anm. 126.

[192]) Temme, S. 263.

markung im Zuchthaus selbst statt. Wenn andere Rechtsquellen sich über die Oeffentlichkeit der Brandmarkung nicht weiter aussprechen, so erklärt sich das daraus, daß die Vollziehung der Strafe unter Teilnahme der Ortsbevölkerung als Selbstverständlichkeit angesehen wurde; ebenso selbstverständlich, wie der hinter der Strafe stehende Gedanke, durch diese Art des Vollzuges andere von der Begehung derartiger Straftaten abzuschrecken.

Ein weiteres Mittel, die abschreckende Wirkung der Strafe zu betonen, liegt darin, ihre Vollstreckung mit einer Zeremonie zu umgeben, die eine nachhaltige, im Gedächtnis haftende Wirkung auf den Zuschauer hinterläßt. Es liegt auf der Hand, daß der Erfolg der Abschreckung desto stärker ist, je eindringlicher und betonter das bei der Vollstreckung angewandte Zeremoniell ist. Nach dem jüngeren Rechtsbrauch[193]) Europas wurde der Missetäter bei der Brandmarkung entweder unter dem Galgen, im Halseisen[194]), unter dem Pranger oder auf dem Schafott mit angehängtem Schandzeichen oder mit gebundenen Händen öffentlich ausgestellt, oder er wurde bei der der Brandmarkung folgenden Landesverweisung mit Ruten ausgepeitscht.

2. Die Brandmarkung ist aber nicht nur eine Leibesstrafe, dies insbesondere in den Fällen, wo der Vollzug der Strafe nicht mit besonderen körperlichen Schmerzen verbunden war. Der Schuldige ist während des Verfahrens der Schaulust des Publikums preisgegeben, er ist ferner durch das ihm anhaftende Zeichen für alle Zukunft als unehrenhafter Mensch gekennzeichnet. Aus den verschiedenen Rechtsquellen selbst ist dieser besondere Charakter der Strafe nicht mit Deutlichkeit erkennbar. In der Literatur wird die Frage vielfach erörtert, allerdings ohne einheitliches Ergebnis. Nach Harster[195]) ist der Gegenstand und Zweck der Brandmarkung weniger in der Erregung eines vorübergehenden körperlichen Schmerzgefühls zu erblicken, als vielmehr in der Absicht, die Ehrlosigkeit des Verbrechers in der bürgerlichen Gesellschaft für alle Zeiten festzustellen. Aehnlich ist die Auffassung von Knapp[196]), der außerdem in der dauernden Kennzeichnung als unehrenhafter Mensch ein besonderes Mittel zur Abschreckung anderer erblickt. Auf dem gleichen

---

[193]) Vgl. Wrede, S. 378; Quellen zur Frankfurter Geschichte, Bd. II, S. 135; Schriften des Vereins für Geschichte des Bodensees (1820), Bd. 28, S. 435; Fehr, Das Recht im Bild, S. 106.

[194]) Chen, Rechtsgeschichte Chinas, S. 60.

[195]) Harster, S. 80.

[196]) Knapp, S. 91.

Standpunkt stehen ferner Meyer[197]) und — für das indische Recht — Oldenberg[198]).

Auch die französische[199]) und schweizerische[200]) Literatur betrachten die Brandmarkung als „peine infamante". Eine Sonderstellung nimmt das „Schuking"[201]) ein. Danach ist die Strafe mehr symbolischer Natur. Sie wurde gar nicht an dem Verurteilten körperlich vollzogen, sondern dieser wurde, in Seide verhüllt, vorgeführt, und die Strafe wurde nur symbolisch vollstreckt. Hier ist die Strafe zu einer reinen Ehrenstrafe geworden. Sie entbehrt der bleibenden Wirkung für die Zukunft; es handelt sich insoweit kaum noch um einen echten Fall der Brandmarkung, sondern eher um eine besondere Form der Anprangerung.

Im Gegensatz zu den obengenannten Autoren bestreiten Rau[202] und Dahm[203]), daß die Brandmarkung eine Ehrenstrafe darstelle. Sie sehen in ihr in erster Linie eine Leibesstrafe. Ihr Zweck sei, den Missetäter durch Zufügung körperlicher Qualen empfindlich zu strafen. Ihr Urteil dürfte insofern zutreffen, als die Brandmarkung sich historisch aus einer Leibesstrafe (mit ehrenrührigen Nebenwirkungen) zu einer reinen Ehrenstrafe entwickelt hat. Bei der Verhängung der Strafe des Brandzeichens in der Antike und im Mittelalter wurde in erster Linie davon ausgegangen, den Verurteilten körperlich empfindlich zu strafen. Gleichzeitig hat die Absicht vorgelegen, den Verurteilten durch ein bestimmtes Mal für seine Mitmenschen zu kennzeichnen. Durchmustert man nämlich die verschiedenen Verbrechen, für die die Brandmarkung verhängt wurde, so zeigt sich, daß damit hauptsächlich Verbrecher bestraft wurden, die heimlicherweise ihr Wesen trieben, gemeine verabscheuungswürdige Taten verübten und durch ihr verbrecherisches Tun eine besondere Gefährlichkeit an den Tag legten[204]).

---

197) Meyer, Lehrbuch des deutschen Strafrechts, S. 357.

198) Oldenberg, Zum ältesten Strafrecht der Kulturvölker, S. 86.

199) Rossi, Traité du Droit pénal, p. 363/65.

200) Temme, S. 260. Ein Beispiel einer solchen Ehrenstrafe finden wir bei den Griechen. Die Athener zeichneten die eigenen Krieger, wenn sie sich nicht als genügend tapfer erwiesen hatten. Vgl. hierzu Quanter, Leibes- u. Lebensstrafen bei allen Völkern und zu allen Zeiten, S 410.

201) Vgl. Chen, Rechtsgeschichte Chinas, S. 96.

202) Rau, S. 151. So auch K. Metzger, Die Verbrechen und ihre Straffolgen im Baseler Recht des späteren Mittelalters, S. 82.

203) Dahm, S. 296 ff.

204) Ein typisches Beispiel dafür finden wir in Frankfurt a. M., s. Lersner, Chronika der weltberühmten freyen Reichs-, Wahl- u. Handelsstadt Frankfurt a. M., Bd. II, S. 684: Brandmarkung eines Schänders wegen Unzucht mit seiner eigenen leiblichen Tochter, vgl. Rau, S. 155.

An sich war damals jede Leibesstrafe bis zu einem gewissen Grade gleichzeitig eine Ehrenstrafe. Das Brandmal bringt das Werturteil der Gesellschaft über Tat und Täter zum Ausdruck und entspricht wohl im ganzen dem Kulturbewußtsein. Der Hinweis auf diese Verhältnisse verdiente Beachtung in einer Zeit, in der Recht und Volksüberzeugung wieder eng verbunden waren und die Berufung auf das „gesunde Volksempfinden" in Deutschland eine ausschlaggebende Rolle spielte. Je stärker die Uebereinstimmung von Rechtsgefühl und objektiver Rechtsordnung ist, desto mehr wird die öffentliche Meinung geneigt sein, die Brandmarkung als eine berechtigte Strafe hinzunehmen, um auf diese Weise dem staatlich verhängten Uebel das entsprechende gesellschaftliche Werturteil hinzuzufügen. Es ist daher nicht notwendig, wie dies in italienischen[205]) Statuten geschehen ist, bei der Ehrenstrafe danach zu unterscheiden, ob der Schimpf das Wesentliche, das körperliche Uebel aber das Nebensächliche sei. Eine solche Unterscheidung nach Hauptwirkung und Nebenwirkung läßt sich auch sachlich kaum begründen und durchführen. In diesem Sinne kommt auch der französische Rechtslehrer Tissot[206]) ganz zutreffend zum Ergebnis, daß „la flétrissure est tout à la fois une peine afflictive et infamante". Ebenso behauptet Günther[207]), daß die Brandmarkung zwischen körperlicher Verstümmelung und Ehrenstrafe stehe.

Es ist noch die Frage zu streifen, ob die Brandmarkung nicht als Schandstrafe aufzufassen sei. Ueber die Abgrenzung von Schandstrafe und Ehrenstrafe bestand einst in der rechtshistorischen Literatur Deutschlands lebhafte Meinungsverschiedenheit. In diesem Streit — über den es längst still geworden ist — spielte gerade die Brandmarkung eine große Rolle. Bei der Schandstrafe handelt es sich, ebenso wie bei der Ehrenstrafe, um ein Strafmittel, das in erster Linie nicht eine Körperstrafe und auch nicht eine Strafe an materiellen Gütern war, sondern daß das Gemüt und das Ehrgefühl treffen sollte. Der Lebenswandel und die Tat des Verurteilten sollten den Mitbürgern als schimpflich und lasterhaft dargestellt werden. Schandstrafe in diesem Sinne war z. B. die Anprangerung in ihren verschiedenen Formen: Reiten auf einem Esel, Abschneiden des Haupthaares, öffentliches Stäupen. Gewiß kann die Brandmarkung, die entweder für sich allein oder in Verbindung mit anderen Strafen zur Anwen-

---

205) Vgl. Dahm, Untersuchung des italienischen Strafrechts im ausgehenden Mittelalter, S. 305.
206) Tissot, Le droit pénal étudié dans ses principes, p. 467.
207) Günther, S. 39, Anm. 53.

dung gelangte, gleichzeitig auch eine Schandstrafe sein. In diesem Sinne wird sie auch im Brünner Stadtrecht von 1242 als „nota infamiae“[208]) bezeichnet. Umgekehrt sind aber die anderen Schandstrafen nicht immer Ehrenstrafen im strengen Sinne der mittelalterlichen Rechtsauffassung. Die Schandstrafe kam der Ehrenstrafe in manchen Punkten nahe. Sie berührte die Ehre zuweilen, aber die Brandmarkung traf sie stets von Rechtswegen[209]).

Wenn man die Ansicht vertritt, daß die Vollstreckung von Schand- und Ehrenstrafen überhaupt niemals dauernde Ehrlosigkeit, sondern nur eine Herabminderung des Ansehens mit sich bringe, so trifft auch dies nur auf die Schandstrafen, nicht aber auf die Brandmarkung zu. Mit ihr ist — durch die dauernde, nicht mehr zu beseitigende Zeichnung des Täters — auch eine dauernde Ehrlosigkeit des Täters verbunden Will man weiter die Ansicht vertreten, daß es sich bei Schand- und Ehrenstrafen zum Teil um Gemütsstrafen gehandelt habe, so nur mit der Begründung, die öffentliche Demütigung könne nicht die bürgerliche Ehre, sondern nur das seelische Empfinden des Verurteilten treffen. Aber auch das mag für die eigentlichen Schandstrafen zutreffen, nicht jedoch für die Brandmarkung.

3. Die Brandmarkung wird gelegentlich auch — so von Brunner[210]) und Fehr[211]) — als symbolische und widerspiegelnde Strafe bezeichnet. Die Brandmarkung soll die Missetat versinnbildlichen und das Leiden des Verbrechers zum sinnfälligen Ausdruck bringen. Der Rachegedanke (Talio), der das alte Strafrecht beherrschte, wurde befriedigt durch den Anblick der Leiden des Verbrechers, und zwar in der besonderen Ausgestaltung, daß sich dabei Zeichen finden, die auf die begangene Straftat hindeuten: Münzen[212]) für den Münzfälscher, Boots-

---

[208]) Rössler, Stadtrecht von Brünn (1243), S 349. Vgl. Keutgen, Urkunden zur städtischen Verfassungsgeschichte, Nr. 161; ad maximiliam propter notam comburendo.

[209]) Vgl. Funk, Deutsche Rechtsdenkmäler, S. 61. Der Richter, der die Strafe vollzog, hieß im Griechischen στιγευς s. Herodot, VII: 35; im deutschen Recht Strafrichter oder Züchtiger, s. Rau, S. 147, oder Büttel, s. Quistorp, Grundsätze des deutschen peinlichen Rechts, S. 99.

[210]) Brunner, Deutsche Rechtsgeschichte, Bd. II, S. 767.

[211]) Fehr, Das Recht im Bilde, S. 103.

[212]) Bei den Franken, s. Cap. de moneta c. 5, I, 299; bei den Angelsachsen, Brunner, II, S. 767; vgl. Grimm, Deutsche Rechtsaltertümer, Bd. II, S. 298: „op den Kaik (1416) duch staen ende dem enen penningk in eine Wangen bernen (1430).“

haken[213]) für flüchtige Schiffsleute, Schlüssel[214]) für den Dieb, Hirschgeweihe für den Wilddieb[215]), Hufeisen für Sodomie[216]), Geschlechtsorgane für den Verführer[217]), Würfel[218]) für den Falschspieler, die Figur[219]) eines Menschen ohne Kopf für den Totschläger, Gastwirtschaftsbilder[220]) für verbotenen Genuß berauschender Getränke. Schon Aristoteles hielt es für ein Gebot der Gerechtigkeit, daß der Uebeltäter eben dasselbe erleide, was er gefrevelt habe, um dadurch Abscheu unter den Rechtsgenossen zu erregen.

Freilich zeigen sich gerade bei einer solchen Betrachtungsweise die Grenzen und die Problematik dieser Strafe. Während nämlich bei vielen anderen Strafarten im Falle ungerechtfertigter Verurteilung eine Wiedergutmachung erfolgen kann, ist dies bei der Brandmarkung — ebenso wie bei der Todesstrafe — ausgeschlossen. Erst der Tod würde, wie Kant sagt, „das Brandmal der Sünde an der Stirn auslöschen".

Besondere für die Behandlung der Brandmarkung dogmatisch fruchtbare Erkenntnisse ergeben sich aus dem Gedanken der symbolischen Strafe nicht.

4. Wenn man die auf die Brandmarkung bezüglichen Quellen daraufhin untersucht, ob mit dieser Maßnahme eine besondere sicherheitspolizeiliche Kennzeichnung des Verbrechers bezweckt sei, so lassen sich dafür zahlreiche positive Anhaltspunkte finden. Die anfangs vorherrschende Vergeltungsidee wurde mehr und mehr zurückgedrängt, womit — neben der Idee einer schmerzhaften und ehrenrührigen Bestrafung — der Gedanke in Erscheinung tritt, den Täter für alle Zukunft als einen bereits vorbestraften Menschen zu zeichnen. Es ist nicht undenkbar, daß für das Strafrecht des europäischen Mittelalters die Brandmarkung

---

213) Der ehrbaren Hansestädte Schiffsordnung und Seerecht, 4, Art. 25; Königlich Preußisches Seerecht, IX, 32; Pardessus, Lois maritimes antérieures t. II, p. 520.

214) Cropp, S. 340, S. 338.

215) Vgl. Döpleri: Schau-Platz der Leibes- und Lebensstrafen, S. 353.

216) Vgl. Ztschr. der Geschichte für Schleswig-Holstein, Bd. 51, S. 229.

217) Minu's laws books, p. 229/230: „For violating the bed of a Guru, female part schould be made."

218) Ofener Stadtrecht, S. 112; vgl. His, Strafrecht des deutschen Mittelalters, Bd. I, S. 530.

219) Minu's laws books, S. 229/230: „The slayer of a Brahman shall have a headless man, stamped on his forehead."

220) a. a. O., S. 229/230; „for drinking spirituous liquor, a liquor sign is ordained".

insoweit auf die früher in Rom[221]) gebräuchliche Brandmarkung geflüchteter Sklaven zurückzuführen sei. Auch diese Maßnahme diente zweifellos dem Zweck, für den Wiederholungsfall den Sklaven als bereits bestraften Flüchtling zu kennzeichnen. Quellenmäßige Nachweise für einen solchen Zusammenhang fehlen freilich. Immerhin scheint hier für das Strafrecht des europäischen Mittelalters eine historische Wurzel der Strafe zu liegen. Neben Schmerzzufügung und Ehrlosmachung des Täters soll dieser aus Sicherheitsgründen für die Zukunft als bereits vorbestrafter Uebeltäter gekennzeichnet werden. In Zeiten und Ländern, die noch keine Registrierung von Verbrechen kennen, war auf diese Weise eine einfache und praktische Handhabe gegeben, dem Richter die für die Urteilsfällung notwendige Kenntnis über die Vorstrafen des Täters zu geben. Bei der Sinnfälligkeit und allgemeinen Verständlichkeit der Brandzeichen geben sie nicht nur dem Richter, sondern auch jedem Laien, den das Leben mit dem Täter zusammenführte, Kenntnis darüber, welcher Art der Mensch war, mit dem er es zu tun hatte.

Im einzelnen ergibt sich aus den Quellen dazu folgendes:

a) Im Falle der Landesverweisung[222]) war es üblich, dem Täter auch noch ein bestimmtes Zeichen einzubrennen. Die Schändung des Ausgestoßenen wurde damit besonders betont, und außerdem konnte auf diese Weise jeder, insbesondere die Polizeiorgane, den Verurteilten erkennen. Einen gesetzlichen Anhaltspunkt für diese Auffassung gibt der Art. 6 § 4 der Constitutio criminalis Theresiana: „Die Brandmarkung oder Einschröpfung des Strafzeichens ist gemeinlich gegen diejenigen, welche ihrer großen Missetaten und Gemeinschädlichkeit halber aus allen diesen Erblanden verwiesen werden, vorzunehmen, damit solche landesgefährlichen Leute bei ihrer Rückkehr desto leichter erkannt werden mögen." Die Theresiana führt zwar die Brandmarkung noch unter den Leibesstrafen auf, aber nach den

---

[221]) Bei den Griechen wurden Sklaven mit Delta Δ für Δουλος gekennzeichnet, während bei den Römern Räuber und geflüchtete Sklaven mit F (Fugitivus) gebrandmarkt wurden, s. P e t r o n , S. 103, 4. Für Babylonien s. J o h n s , S. 176: „Branding on fremman escaped from levy-master" und K o h l e r und P e i s e r , Hammurabi-Gesetz, S. 107: Die Knechte tragen Knechtschaftsmarken, um ihre Auffindung zu erleichtern; die widerrechtliche Entfernung der Marken wird mit strenger Strafe bedroht. §§ 226/227. Vgl. dazu S c h w i e s o w , S. 26/27.

[222]) Vgl. H a r s t e r , S. 192; Mitteilungen des nordböhmischen Excursions-Clubs, Bd. 32, S. 56 und S. 329; S c h o p p e , Schlesisches Räuber- u. Gaunerwesen am Ausgang des Mittelalters in „Schlesische Monatsschrift", S. 405.

Erläuterungen des Gesetzes ist sie kaum als solche zu betrachten. Schmerzhaft wird die Prozedur sicherlich gewesen sein, denn es wurde Schießpulver in die frischgebrannte Wunde eingerieben; aber die Brandmarkung erfolgt hier weniger zur Sühne für eine bestimmte Tat, sondern nur aus polizeilichen Sicherheitsgründen.

b) Bei dem rückfälligen Verbrecher diente die Brandmarkung als Anhaltspunkt dafür, daß der Täter bereits vorbestraft war. Von dem einfachen Grundsatz ausgehend, die Strafe der Schwere des Deliktes anzupassen, sind schon die alten Gesetzgebungen früh dazu übergegangen, im Wiederholungsfalle eine Erhöhung der Strafe festzusetzen. Die Feststellung des Rückfalles wurde zweifellos erleichtert, wenn nicht überhaupt erst dadurch ermöglicht, daß dem Uebeltäter bei der ersten Bestrafung ein bestimmtes Zeichen eingebrannt wurde. Vielfach waren die Brandzeichen auf diesen Zweck abgestellt, derart also, daß bei jeder neuen Verurteilung ein anderes Zeichen (oder das gleiche Zeichen an einer anderen Stelle) eingebrannt wurde, so daß auf diese Weise, ähnlich wie bei einem Strafregister, die Liste aller Vorstrafen vom Körper des Täters abzulesen war.

China kann für diese Praxis den historischen Vorrang beanspruchen. Eine Verordnung des Kaiser Liaoschantung aus dem Jahre 985 n. Chr. bestimmt[223]) „Ein Räuber oder Dieb, der zum ersten Male erwischt wird, wird gestäupt und dann gebrandmarkt. Das Brandmal setzt man zunächst auf den Arm, um bei jedem erwischten Dieb feststellen zu können, ob er schon einmal vor Gericht gestanden habe. Das zweite Brandzeichen wird ihm auf die Stirn gedrückt. Erst wenn er dann wieder erwischt wird, geißelt man ihn zu Tode oder schmiedet ihn auf die Galeere."

Blicken wir auf das bedeutend jüngere sächsische Recht, so finden wir ähnliches in der Glossa iuris Weichbildici[223a]): „Die anderen Zeichen gibt man den dyben, die des tagis stehlen und Beutel snyden; die zeichent man uswet; zum ersten durch die

---

223) Chen, S. 175. Aehnlich ist die Verordnung des Kaisers Loachsingtsung vom Jahre 1031, in der das System der obligatorischen Strafe und Sicherungsmaßnahme mit verschärften Strafen übernommen wurde: „Begeht jemand Raub oder Diebstahl, so wird er zum ersten Male am rechten Arm gebrandmarkt, bei Rückfall am linken, beim dritten Male an der rechten Halsseite. Wenn beim Missetäter fünfmaliger Rückfall festgestellt wurde, so soll er zum Tode verurteilt werden." Eine Verordnung aus der Min-Dynastie (1368—1628) und eine aus der mandschurischen Dynastie von 1683—1875 beziehen sich auf die obige Quelle; vgl. Chen, a. a. O., S. 201.

223a) Vgl. von Künssberg, Rechtliche Volkskunde, S. 168.

baken, zu dem andern male by die oren, unde zum dritten male syn cruze durch dy stirne; unde zeichent sy darume, das sy die Leute irkennen mogin unde sich deste baz vor sy huten."

Der Codex iuris Bavarici criminalis fordert in Art. 19 § 4 folgendes: „Das erste Mal Staupbesen, das zweite Mal ewige Verweisung mit Aufbrennung des Buchstaben B (=Bannitus), das dritte Mal das Schwert." Aehnlich auch der Art. 4 § 7 der Peinlichen Halsgerichtsordnung des Königreich Böhmen/Markgraftum Mähren und Herzogtum Schlesien von 1708. Eine badische Verordnung aus dem Jahre 1707[224]) schrieb vor, daß alle fremden herumvagabundierenden Diebe mit dem Zeichen des Galgens und mit den Buchstaben PZ gebrandmarkt werden sollten. Das Gesetz vom 23. Floreal aus dem Jahre X der Republik hatte zur Feststellung des Rückfalles die Brandmarkung mit dem Buchstaben R (récidiviste) angeordnet[225]). Der Rückfällige wurde zur Deportation und Zwangsarbeit verurteilt, eine Minderung des bisherigen Rechtszustandes, der für den Rückfall die Todesstrafe anordnete (Deklaration vom 4. März 1724)[226]). Art. 20 des Code pénal sieht bei Verurteilung zu Zwangsarbeiten gleichfalls bestimmte Zeichen vor; bei Zwangsarbeit für bestimmte Zeit den Buchstaben T, bei Verurteilung zu lebenslänglicher Zwangsarbeit die Buchstaben TP (Travaux perpétuels).

Erwähnenswert ist in diesem Zusammenhang die Funktion der Brandmarkung im Rahmen des englischen benefit of clergy[227]). Diese Rechtswohltat war ursprünglich dazu bestimmt, Kleriker nur durch ihre eigenen Gerichte aburteilen zu lassen. Später wurde die Befreiung von der staatlichen Gerichtsbarkeit auf weitere Kreise ausgedehnt und schließlich von allen männlichen Personen in Anspruch genommen, die lesen und schreiben konnten. Im Falle der Felonie nun, eines der drei, dem älteren englischen Strafrecht bekannten, mit dem Tode bestraften Delikte, schloß der benefit of clergy jede Bestrafung für die Angehörigen des begünstigten Personenkreises aus. Im Wiederholungs-

---

[224]) Lenel, S. 186.

[225]) Labarde, p. 180; vgl. Secker, Der Rückfall, S. 96.

[226]) Vgl. hierzu Tissot, Le droit pénal étudié dans ses principes, t. I, p. 469.

[227]) Smith and Keep, A Treatise on crimes and misdemeanours, p. 65; Du Cane, The Punishment and Prevention of Crime, p. 11—12; Holdworth, A History of English Law, vol. III, p. 299—300; Pike, Crimes in England, vol. II, p. 280—282; New International Encyclopaedia, vol. III, p. 113, Shakespeares England, Bd. I, p. 398 and p. 401; Wharton, Law Lexicon, S. 122; Byrnes, Dictionary of English Law, S. 107; Notes and Queries, IV, p. 98 and p. 464; Schlesinger, Geschichte des Symbols, S. 259.

fall konnte sich der Täter auf diese Rechtswohltat nicht mehr berufen. Ob ein solcher Wiederholungsfall vorlag, wurde sehr einfach durch ein Brandzeichen festgestellt. Der der Felonie Schuldige erhielt nämlich ein Brandzeichen, und zwar am Daumen die Brandmarke M, wenn er des Mordes überführt war, im Falle des Diebstahls die Marke T.

c) Das Brandmal wurde, damit es leichter erkennbar war, an augenfälliger Stelle eingebrannt, in der Regel auf einem jederzeit sichtbaren Körperteil: Stirn[228]) Gesicht[229]), Wangen[230]) oder Lippen[231]) Rücken[232]) oder Ohren[233]), später in milderer Form auch auf Arme[234]), Hände[235]), Daumen[236]), Schultern[237]), Brust[238]),

---

[228]) Bei den Babyloniern, s. § 127, Hammurabi-Gesetz von Kohler u. Peiser, S. 129: bei den Römern s. Sen. dial v. 3. 6.; Inscriptiones frontis; Petron 103, 2; 105, 16; Mart. XII, 61, 11, val. Max. VI, 8. 7: inexpiabili litterarum nota per summam oris contumeliam inustus; vgl. hierzu Pauly-Wissowa, Bd. VI, 2520. Siehe außerdem: Rau, S. 153; Hertz, Voltaire und die französische Strafrechtspflege, S. 19; Hesele, S. 66; ein Kreuz an die Stirn gebrannt; Kostka, Observationes militares, S. 219; Metzger, Die Verbrechen und ihre Straffolgen im Baseler Recht des späteren Mittelalters, S. 82; Scheel, S. 28: In die Stirn gebrannt, wegen Ausgabe von Kupfer, Gold an einen armen Fuhrmann; Pike, vol. 11, p. 72; Knapp, S. 62; Schwiesow, S. 26—27.

[229]) Rössler, Deutsche Rechtsdenkmäler aus Böhmen und Mähren, Bd. II, S. 349; vgl. His, Strafrecht des deutschen Mittelalters, S. 531, Anm. 7; Cannaert, S. 18.

[230]) Monum. German. histor. Legum Sectio IV; Constitutiones, 1893 ff.; S. 21, 506 ff.: consignabitur in maxilla ferro candenti; Byrnes, Dictionary of English Law, p. 133; Rau, S. 132,, Anm. 113 u. S. 153, Anm. 116; Metzger, S. 82; Harster, S. 80; Scheel, S. 27; Du Cane, The punishment and prevention of crimes, p. 12; „On the most visible part of the left cheek nearer the nose"; Pike, vol. 11, p. 72; Kloepper, Englisches Real-Lexikon, II, p. 2027; Knapp, S. 62; Schmülling, S 2.

[231]) Kersting, Das Strafrecht in Kurhessen, II, S. 617; Stöber, Klapperstein nebst ähnlichen Strafarten im Elsaß, S. 92 ff.

[232]) Siehe Schiller und Lübben, Mittelniederdeutsches Wörterbuch, S. 426; Hesele, S. 66; Mitteilungen des nordböhmischen Excursions-Clubs, Bd. 32, S. 329; § 4, Art. 6 in Constitutio Criminalis Theresiana: Auf dem Rücken als Kennzeichen begangener Straftat; Schwiesow, S. 26—27.

[233]) Günther: Idee der Wiedervergeltung, S. 100, Anm. 126; Shakespeares England, Bd. II, p. 491: „Burnte through the gristle of the right ear."

[234]) Encyclopaedia Britannica, vol. 4, p. 34. Hertz, S. 19.

[235]) Brandmarkung auf die Hände, s. Poullet, p. 255; sie ist eine mildere Form der Strafe zur Zeit Konstantins, s. Cod. Just., IX, 740, 17; vgl. Wrede, S. 396.

[236]) Du Cane, p. 12; Notes and Queries, Bd. 150, p. 427. „The fleshy part of the left thumb was branded." Döpleri, S. 353.

Beine[239]) oder Füße[240]). Damit das Brandmal sichtbar blieb und deutlicher wurde, schüttete man Schießpulver oder rieb Farbe in die frische Wunde[241]).

d) Darüber hinaus wurde oft ein Ortszeichen eingebrannt. Auf diese Weise wurde erkennbar, durch welches Gericht die Verurteilung und Vollstreckung erfolgt war. Die Theresiana bestimmt dazu: „damit man an derkens bei Betretung einer mit dem Brandmal gezeichneten Person verläßlich wissen möge, ... in welchem Lande dieselben gebrannt werden". Nach den europäischen Rechtsquellen wird in der Regel ein Stadtwappen aufgedrückt: „Schuysschild"[242]) in Frankfurt a. M., ein „Adler"[243]) in der Provinz Rijnland, der „Baseler Stab"[244]) in Basel, „dat Stral"[245]) in Stralsund. Oder man gebraucht Länderbuchstaben,

---

[237]) Krohne, Lehrbuch der Gefängniskunde, S. 23; La grande Encyclopédie, vol. 23, p. 286: „tout individu qui, condamné pour un premier crime, en commettait un second emportant peine afflictive, devait être marqué à l'épaule gauche de la lettre R, tout individu condamné pour faux devait être marqué à l'épaule droite de la lettre F. Code pénal, Art. 20, S. 165, 280. Eine ähnliche Brandmarkung auf die linke Schulter finden wir in der Schweiz, s. Mädler, Geschichtliches über die Todesstrafe in der Schweiz, S. 11; auch in England s. Stephen, History of the criminal law, p. 272: „Branded on the shoulder"; Shakespeares England, Bd. II, p. 491.

[238]) Pike, vol. 11, p. 72; „To be branded on the brest".

[239]) Vgl. Wrede, S. 396.

[240]) Cod. Just. IX, 47, 17.

[241]) Im chinesischen Recht rieb der Richter Tusche in die Wunde hinein. Vgl. Chen, S. 150. Bei den Griechen wird Tinte oder beißende Farbe benutzt, s. Zedler, Bd. IV; im englischen Recht „with ink or gun pouder"; s. Notes and Queries, Bd. 151, p. 87; vgl. Encyclopaedia Britannica, vol. 16, p. 33: in Speyer mit Farben. vgl. Harster, S. 80. Constitutio Theresiana bestimmt in I, 6 § 4 folgendes: „Zur Behinderung, damit das frisch eingebrannte Merkmal nicht ausgesogen oder sonst getilgt werde, allzeit Pulver darein gerieben und das Verwiesene mindestens 8 Tage nach der vorgenommenen Einschröpfung im Gefängnis einbehalten ist."

[242]) Vgl. Staub-Tober, Schweizerisches Idiotikon, VIII, S. 730.

[243]) Bei Lersner, Chronika der weltberühmten freyen Reichs-, Wahl- u. Handelsstadt Frankfurt a. M., II, S. 693: „.... mit eynem hayessen ysen des adlers gebrandt worden"; für Nürnberg, s. Knapp, S. 62; für Ravensburg, s. Ravensburger Stadtrecht, S. 68; Schwiesow: Zwei Brandmarken aus dem jüngeren Strafenbuch in Frankfurter Beiträge, S. 26—27.

[244]) Metzger, S. 82; § 25 Criminalgesetzbuch des Cantons Basel von 1821.

[245]) Schiller und Lübben, Mittelniederdeutsches Wörterbuch, S. 426; vgl. Fischer, Schwäbisches Wörterbuch, S. 1627, über Ulmer Wappen.

so: B[246]) (Bayern), OS[247]) (Oberschweiz), SG[248]) (St. Gallen). Die Theresianische Halsgerichtsordnung schrieb im Falle der Landesverweisung vor, daß neben dem R (= relegatio) die beiden Anfangsbuchstaben des betreffenden Erblandes, aus dem der Verurteilte ausgewiesen wurde, eingeschröpft werden sollten[249]).

e) Zur näheren Kennzeichnung der begangenen Straftat wurden bestimmte Buchstaben verwendet; in Oesterreich ein R[250]) für Landesverwiesene (relegatio), in England SL[251]) für „seditions libeller", M[252]) für Murderer, R[253]) für Rogues, S[254]) für Serf, B für Blasphemer[255]), F für Fraymaker[256]), in Frankreich Gal[257]) bei Verurteilung zu Galeerendiensten, F[258]) für faussaire (falsum), V[259]) bei Diebstahl (voleur), Lilien[260]) für Vergehen bei der Miliz.

Diese Praxis dürfte sich als zweckmäßig erwiesen haben. Sicherlich wurde dadurch die Feststellung der Persönlichkeit durch diese Art der Kennzeichnung der Vortaten wesentlich erleichtert. „Hüte dich vor dem Gezeichneten", sagt der Volksmund, und die Rechtsquellen bestätigen dies. Das Meißner Rechtsbuch sagt: „Wer einen Butelsnyder .... begrüßt, der sotan bose Zeichen an om had, also daz he der oren nicht en had odder durch die Backen gebrand war .... den sol man hengen".

In diesem Zusammenhang ist auch auf den in deutschen und französischen Zuchthäusern lange Zeit üblichen Brauch hinzuweisen, den Anstaltsinsassen ein Zeichen einzubrennen, damit man sehe, daß sie bereits mit Zuchthaus vorbestraft seien.

5. Ueberblickt man diese verschiedenen Belege über die rechtliche Natur der Brandmarkung, so zeigt sich im einzelnen wenig sachliche Verschiedenheit, freilich auch nirgends eine ge-

---

246) Schmid. Altertümer des bürgerlichen und Strafrechts, S. 12.
247) Staub-Tober, Bd. IX, S. 246.
248) § 65 Canton St. Gallen, Strafgesetz von 1807, vgl. Mädler, Geschichtliches über die Todesstrafe in der Schweiz, S. 11.
249) C. C. Thers, I, S. 6, § 4.
250) Vgl. Anm. 63.
251) Du Cane, The punishment and prevention of crime, p. 13.
252) Du Cane, a. a. O., p. 12.
253) Stephen, p. 272.
254) Klöpper, Englisches Real-Lexikon, II, S. 2027.
255) Notes and Queries, Bd. 151, p. 87.
256) Notes and Queries, Bd. 168, p. 307; Pike, vol. II, p. 97; Smith and Keep: Crimes and Misdemeanours, p. 652.
257) Krohne, Lehrbuch der Gefängniskunde, S. 23.
258) La grande Encyclopédie, vol. 23, p. 286.
259) Art. 20, Abs. 4: i. V. m. Art. 165, Code pénal; Sanson, S. 148.
260) Koch, Allg. Land- u. See-Kriegsrecht, S. 341; bisweilen auch mit Galgen, Rad und Schwert, s. Koch, a. a. O., S. 34.

naue Abgrenzung. Es ist wohl richtig, daß in manchen Fällen der Brandmarkung eine rein sicherheitspolizeiliche Funktion zukommt; so soll die Brandmarkung der Landesverwiesenen oder der durch benefit of clergy von der Bestrafung für Felonie ausgenommenen Personen lediglich zur Wiedererkennung des Täters dienen. Man kann aber kaum sagen, daß die Brandmarkung grundsätzlich nur eine polizeiliche Sicherungsmaßnahme sei. Sie enthält alle echten Elemente einer Strafe, und zwar ist sie wegen der mit ihrem Vollzug verbundenen starken körperlichen Schmerzen eine Leibesstrafe. Mit Rücksicht auf die besondere Art des Vollzuges und auf die bleibende Wirkung ist sie in der Regel auch eine Ehrenstrafe. Eine endgültige und einseitige Entscheidung für das eine oder andere Element zu geben, ist kaum möglich; das Bild schwankt je nach Zeit und Oertlichkeit. Zusammenfassend darf man wohl sagen: Die Brandmarkung ist während des Vollzuges eine Leibesstrafe, in ihrer Wirkung eine Ehrenstrafe und gleichzeitig eine strafpolizeiliche Maßregel. Sie soll begangene Verbrechen sühnen, sie soll zugleich die Gesamtheit vor künftigen Verbrechen schützen.

§ 8

Persönlichkeitsbeurteilung

Zum Schluß ist die Frage zu prüfen, ob bei der Strafe der Brandmarkung eine Berücksichtigung der Persönlichkeit des Täters erfolgt, etwa nach Art der Gedankengänge, wie sie im Persönlichkeitsstrafrecht zum Ausdruck kommen.

Für die älteren Zeiten finden sich darüber kaum Anhaltspunkte. Die Brandmarkung ist damals noch, wie alle anderen Strafen, eine reine Vergeltungsmaßnahme. Sie wurde verfügt, um den Täter ein Uebel erleiden zu lassen. Sie ist die entgegenlaufende, gleichsam quittierende Tat. Daß die Strafgesetzgebungen sowohl im Abendlande als auch in China bis zum 19. Jahrhundert trotz einzelner Verschiedenheiten im Grunde auf diesem Vergeltungsprinzip beruhen, bedarf kaum näherer Darlegung. In einzelnen Punkten und in verschiedener Ausgestaltung erfolgt wohl auch eine Berücksichtigung gewisser Besonderheiten der Tat. Jedoch handelt es sich hierbei in der Regel nur um die Feststellung des objektiven Tatbestandes des Rückfalles.

Eine Berücksichtigung besonderer subjektiver Momente fehlt, ganz erklärlich in einer Zeit, die überhaupt oder doch in erster Linie die objektive Tat bestrafte und der selbst bei der Strafzumessung der Begriff der persönlichen Schuld mit allen ihren Einzelmerkmalen fremd war.

Ganz vereinzelt finden sich Fälle, die eine gewisse Verwandtschaft mit dem Gedanken des Persönlichkeitsstrafrechts aufweisen.

1. Dazu kann freilich die Strafe auf Anprangerung oder Landesverweisung nicht gezählt werden. Die Prozedur erfolgt hier nicht mit Rücksicht auf eine erhöhte Schuld des Täters; sondern es handelt sich um eine zusätzliche Strafe an Leib und Ehre, zugleich um eine Sicherungsmaßregel, um den Täter zu zeichnen und die Stadt von verbrecherischen Elementen zu säubern.

2. Auch soweit die Brandmarkung an den Tatbestand des Rückfalls anknüpft, liegt noch kein Fall eines echten Persönlichkeitsstrafrechts vor. Der Begriff des Rückfalles in seiner heutigen Bedeutung hat sich verhältnismäßig spät gebildet. Wohl aber stellte die Wiederholung irgendeiner Straftat schon früh einen besonderen Tatbestand dar, der eine strengere Beurteilung und vielfach auch die Brandmarkung nach sich zog. Dies finden wir schon im longobardischen Recht[261]) bei der Bestrafung der rückfälligen Diebe, im Statut der Stadt Pavia[262]) (1505) bei der Bestrafung der rückfälligen Urkundenfälscher und schließlich auch in einem chinesischen kaiserlichen Erlaß aus dem Jahre 1644[263]) bei der Bestrafung rückfälliger Räuber. Aus den zahlreichen ähnlichen Quellen darf kaum der Schluß gezogen werden, daß hier der Gedanke zugrunde gelegen habe, bei der Strafzumessung die Persönlichkeit des Täters besonders zu berücksichtigen. Die Erhöhung der Strafe erfolgte ganz starr bei Vorliegen des objektiven Tatbestandes der Wiederholung eines Verbrechens. Eine Berücksichtigung des subjektiven Elementes der Straftat fehlt noch.

3. Einen Einzelfall, der in diesem Zusammenhang zu nennen wäre, betrifft eine Verordnung Ludwigs XIV. vom 30. Juli 1666[264]) über die Gotteslästerung. Danach soll, wer Gott lästert oder lästerliche Worte gegen die heilige Jungfrau oder die Heiligen ausgestoßen hat, das erstemal zu einer Geldbuße verurteilt werden. Diese Buße soll beim zweitenmal verdoppelt, bei der dritten und vierten Verurteilung verdreifacht und vervierfacht werden. Bei der fünften Verurteilung soll auf Pranger und Geldbuße, bei der sechsten Verurteilung auf Schandpfahl und Durch-

---

[261]) Liut. 79 bei Brunner, Bd. II, S. 647.

[262]) Vgl. Kohler, S. 304.

[263]) „Rückfällige Räuber wurden mit Brandmarkung bestraft"; s. Chen, S. 75.

[264]) Vgl. Hertz, Voltaire und die französische Strafrechtspflege, S. 21/22.

stechung der Oberlippe mit glühendem Eisen erkannt werden, bei der siebenten Verurteilung auf Schandpfahl und Durchstechung der Unterlippe mit glühendem Eisen. Hier ist Raum für zahlreiche Vermutungen. Die Brandmarkung kann hier eine reine Präventivmaßnahme sein. Näher liegt es aber wohl anzunehmen, daß in diesem Fall in der Tat die Steigerung der Strafe auf die Berücksichtigung eines besonderen Tätertyps zurückzuführen ist. Die bereits erlittenen und verbüßten Vorstrafen deuten darauf hin, daß man es hier mit einem hartnäckigen Sünder zu tun habe. Jede gestaffelte Strafzumessung führt schließlich in irgendeiner Weise dazu, auch die Persönlichkeit des Täters zu berücksichtigen.

4. Ein weiterer vereinzelter Fall findet sich im alten Nürnberger Strafrecht. Knapp[265]) berichtet hierüber folgendes: „Man brandmarkt den Kuppler und Unzuchttreibenden nur bei Rückfall und Gefährlichkeit, wenn der Beschuldigte sich als „unendlich" oder „Aufmacher" erweist." Aehnliche Gedankengänge zeigt der Art. 1 der städtischen Hamburger Gerichtsordnung bei der Strafe für Gotteslästerer[266]): „Dieweil die Gotteslästerung eine Sünde ist, die des Allmächtigen gerechten Zorn, auch zeitliche und ewige Strafe verursacht, und gleichwohl verwegene Erzbuben und gottlose Leute werden gefunden, die aus teuflischer Bosheit und vermessenem, leichtfertigem Gemüt sich solcher gotteslästerlichen Schmähungen vorsätzlich unterfangen ......, so werden sie mit dem Tragen eines glühenden eisernen Ringes bestraft." Schließlich ist nach § 48 der Badischen Hofinstitution vom Jahre 1794 zur Bestrafung von vagabundierenden Dieben zu sagen: „Die Aufbrennung des Zuchthauszeichens trifft nur bei solchen Personen zu, die durch die Untersuchung sogleich so inkorrigibel erscheinen, daß bei ihrem Loskommen die Gefahr des publici von ihnen zu befürchten wäre."

Wie die Formulierung dieser Gesetze zeigt, geht man in diesen Fällen davon aus, daß ein bestimmter asozialer Typ vorliege. Nur für diesen wird die Brandmarkung als besondere Strafe angeordnet.

Das sind jedoch Einzelfälle, die zu irgendeiner Verallgemeinerung nicht berechtigen. Die Strafe der Brandmarkung kann sonst für die Frage der Persönlichkeitsbeurteilung nichts Neues bringen. Das ist leicht verständlich bei einem Rechtsgebilde, das aus einer Zeit stammt, die noch allein die objektive Tat bestraft.

---

[265]) Knapp, S. 220.
[266]) Der Stadt Hamburg Gerichtsordnung und Statuta, S. 513.

Von einem eigentlichen Täterstrafrecht kann immer nur dort gesprochen werden, wo die subjektive Tat verurteilt wird. Die Frage nach der subjektiven Schuld ist jedoch erst ein Ergebnis der modernen Strafrechtwissenschaft.

Schrifttum

Acollas: Les Délits et les Peines, Paris 1887.
Allfeld: Lehrbuch des deutschen Strafrechts, Leipzig 1922.
Amich: Das antike Mysterienwesen, Göttingen 1894.
Avé-Lallement: Das deutsche Gaunertum, Leipzig 1914.
Bamberger Echtbuch von 1424, veröffentlicht von Köberlin im 59. Bericht über Bestand und Wirken des historischen Vereins zu Bamberg, 1896.
Bar, V.: Geschichte des deutschen Strafrechts und der Strafrechtstheorien, Berlin 1882.
Bateson: Borough Customs, London 1904.
Berlinisches Stadtbuch, hrsg. von Clausenwitz, Berlin 1883.
Berner: Strafgesetzgebung in Deutschland, Leipzig 1867.
Berner Mandate, hrsg. von Lüthi, Berlin 1937.
Bernische Chorgerichtssatzungen vom 18. Jh., Berlin 1743.
Bousset: Hauptproblem der Gnosis, Göttingen 1907.
Bouvier: Law Dictionary, New York 1926.
Brunner: Deutsche Rechtsgeschichte, hrsg. von Binding, Leipzig, Bd. I 1887, Bd. II 1892.
Byrnes: Dictionary of English Law, London 1923.
Du Cane: The Punishment and Prevention of Crime, London 1885.
Cannaert: Bigdragen tot de kennis van het oude Strafrecht in Vlaenderen, 3. uitgave, Gent 1835.
Chen, Rechtsgeschichte Chinas, Schanghai 1932.
De Cock: Volkssage Volksgeloaf en Volksgebruik, Antwerpen 1918.
Code pénal 1810.
Codex juris Bavarici criminalis, München 1771.
van Coetsem: Du droit pénal au XIIIe siècle dans l'ancien duché de Brabant, Gent 1857.
Constitutio criminalis Theresiana von 1798.
Corpus Constitutionum Prutenicarum, hrsg. von Grube, Königsberg 1721.
Corpus Constitutionum Reg. Holsaticarum, Bd. I, Altona 1749.
Corpus Statuorum Selesvicensium, Sammlung der in Schleswig geltenden Land- und Stadtrechte, Schleswig 1812.
Criminalgesetzbuch des Cantons Basel 1821.
Cropp: Diebstahl nach älterem Recht der freien Städte Hamburg, Lübeck und Bremen in Hudtwalkers und Trummers criminalistischen Beyträgen II, 1826.
Cuche: Précis de Droit criminel, Paris 1925.

C u m o n t : Mysterium des Mithra, Leipzig 1911.
D a h m : Untersuchung des italienischen Strafrechts im ausgehenden Mittelalter, Berlin-Leipzig, 1931.
Das Stadtrecht von A u g s b u r g , insbes. das Stadtrecht von 1276, hrsg. und erläutert von Chr. Meyer, Augsburg 1872.
Das Stadtrecht von M u r t e n , hrsg. von F. E. Welti, Aarau 1925.
D a v i d s o n : Problems of the Roman Criminal Law, Oxford 1912.
D e n n y s o n : American Journal of Archaeology, Bd. IX, New York 1905.
Der Herzogtümer B r e m e n und V e r d e n abgefaßte Policey-, Teich-, Holtz- und Jagd-Ordnung von 1693.
Der Stadt H a m b u r g Gerichtsordnung und Statuta vom Jahre 1603, hrsg. auf Veranlassung des Vereins für Hamburgische Geschichte, Hamburg 1842.
D i c t i o n n a i r e Encyclopédique Quillet; Paris 1934.
Die älteren Stadtrechte der Reichsstadt R a v e n s b u r g , bearbeitet von K. O. Müller, Stuttgart 1924.
Die ältesten Stadt-, Schiff- und Landrechte H a m b u r g s , hrsg. v. Lappenberg, Hamburg 1845.
D ö p l e r i : Schau-Platz der Leibes- und Lebensstrafen, Sondershausen 1693.
D r e y e r : Lebens-, Leibes- und Ehrenstrafen, Lübeck 1792.
Echtbuch der Stadt B a m b e r g (1412—1444), hrsg. v. Köberlin, Bamberg, Ber. 59, 1898.
Encyclopaedia B r i t a n n i c a , 14th Edition, London 1929.
E r i c h und B e i t l : Wörterbuch der deutschen Volkskunde, Leipzig 1936.
E s m e i n : Histoire du droit Français de 1789 à 1814, Paris 1908.
F e h r : Das Recht im Bilde, München und Leipzig 1923.
F e h r : Das Recht in der Dichtung, Berlin 1931.
F e u e r b a c h : Lehrbuch des gemeinen, in Deutschland gültigen peinlichen Rechts, Gießen 1847.
F i n g e r : Lehrbuch des deutschen Strafrechts, Berlin 1904.
F i n g e r : Oesterreichisches Strafrecht, Bd. I, 3. Aufl., Berlin 1894.
F i s c h e r : Schwäbisches Wörterbuch, Tübingen 1920.
F o n t e s rerum Austriacarum, österreichische Geschichtsquellen, hrsg. von Hist. Komm. d. Kais. Akademie der Wissenschaften in Wien, II. Abt., Diplomatia et acta, Wien 1849/50.
v. F r e y b e r g : Sammlung histor. Schriften und Urkunden, 1836 ff.
F u h r : Die Polizeiaufsicht nach dem Reichsstrafgesetzbuch, Gießen 1888.
F u n k : Deutsche Rechtsdenkmäler mit besonderer Berücksichtigung Frankens, Erlangen 1938.
G e i b : Lehrbuch des deutschen Strafrechts, Leipzig 1861.
G e n g l e r : Beiträge zur bayerischen Rechtsgeschichte, Leipzig und Berlin 1889—1894.
G e s c h i c h t e der Chin-Dynastie.
G e s c h i c h t e der Liang-Dynastie.
G e s c h i c h t e der Ming-Dynastie.
G e s c h i c h t e der Süd-Sung-Dynastie.
G e s e t z e s s a m m l u n g der alter Dynastien.

Gesetzessammlung der mandschurischen Dynastie, Schanghai 1915.
Goslarische Statuten, hrsg. von Göschen, 1840.
Gotheim: Die Zeitschrift für die Geschichte des Oberrheins, Karlsruhe 1895.
Grimm: Deutsche Rechtsaltertümer, 4. Aufl., Leipzig 1899.
Grimm: Deutsches Wörterbuch, Leipzig 1854.
Günther: Deutsche Rechtsaltertümer in unserer heutigen deutschen Sprache, Leipzig 1903.
Günther: Idee der Vergeltung, Erlangen 1895.
Günther: Recht und Sprache, Berlin 1895.
Gürtner: Das kommende deutsche Strafrecht, 2. Aufl., Berlin 1935/36.
Harper: The Code of Hammurabi, Chicago 1940.
Harster: Das Strafrecht der freien Reichsstadt Speyer in Untersuchungen zur Deutschen Staats- und Rechtsgeschichte, Breslau 1900.
Hertz: Voltaire und die französische Strafrechtspflege, Stuttgart 1887.
Hesele: Vom Pranger und verwandten Strafarten in Freiburg, Freiburg i. B. 1935.
Hinschius: Kirchenrecht, Bd. V, Berlin 1893.
His: Das Strafrecht des deutschen Mittelalters, I. Teil, 1920.
His: Das Strafrecht der Prisen im Mittelalter, Leipzig 1901.
His: Geschichte des deutschen Strafrechts bis zur Carolina, Leipzig 1928.
Holdworth: A History of English Law, London 1923.
Hoops: Real-Lexikon der germanischen Altertumskunde, Straßburg 1911.
Hsüchiaoyang: Quellen zum alten chinesischen Strafrecht, Schanghai 1931.
Johns: Babylonian and Assyrian Laws. Contracts and Letters, Edinburgh 1904.
Kanton St. Gallisches Strafgesetzbuch, 1802.
Kersting: Das Strafrecht in Kurhessen, Rinteln 1854.
Keutgen: Urkunden zur städt. Verfassungsgeschichte 1901.
Khenvenhüller: Observationes, Wien 1749.
Klöpper: Englisches Real-Lexikon, Leipzig 1897—99.
Knapp: Das alte Nürnberger Kriminalrecht, Berlin 1896.
Koch: Allg. Europ. Land- u. Seekriegsrecht, 1777.
Königl. Preußisches See-Recht, Königsberg 1770.
Kohler u. Peiser: Hammurabi-Gesetz, Leipzig 1904.
Kohler: Das Strafrecht der italienischen Statuten vom 12. bis 16. Jahrhundert, Mannheim 1897.
Kohlrausch-Lange: Strafgesetzbuch, 37. Aufl., Berlin 1941.
Kostka: Observationes Militares, Wien 1752.
Kriminalgesetzbuch für Toskana, Chur 1787.
Krohne: Lehrbuch der Gefängniskunde, Stuttgart 1889.
von Künssberg: Deutsches Rechtswörterbuch, Weimar 1932—1935.
Schröder-von Künssberg: Lehrbuch der deutschen Rechtsgeschichte, Berlin 1932.

La grande Encyclopédie, Paris 1885—1902.
Laws of Minu, translated by Bühler, Oxford 1886.
Lenel: Badens Rechtsverwaltung und Rechtsverfassung unter Markgraf Karl Friedrich 1738—1803, Karlsruhe i. B. 1913.
Lersner: Chronika der weltberühmten freyen Reichs-, Wahl- und Handelsstadt Frankfurt a. M., II. Teil, Frankfurt a. M., 1706.
Liebermann: Gesetze der Angelsachsen, Halle 1912.
Lübisches Urkundenbuch, Bd. I, 1843.
Lüning: Corpus juris militaris, Leipzig 1723.
Mädler: Geschichtliches über die Todesstrafe in der Schweiz, Uznach 1934 (Diss.).
Mayer: Die Rechte der Israeliten, Athener und Römer, Leipzig 1861.
Metzger: Die Verbrechen und ihre Straffolgen im Baseler Recht des späteren Mittelalters, Basel 1931.
Meyer: Lehrbuch des deutschen Strafrechts, Erlangen 1882.
Mezger: Lehrbuch des Deutschen Strafrechts, München 1933.
Minu's Laws Books, translated by Jolly, Oxford 1889.
Mitteilungen des Nordböhmischen Excursions-Clubs, Bd. 32, Leipzig 1909.
Mommsen: Römisches Strafrecht, Leipzig 1899.
Monatsblatt des Vereins für Landeskunde von Niederösterreich, Wien 1903 ff.
Monum. German. histor. legum Sectio IV: Constitutiones 1893.
Müller: Das Strafrecht der früheren freien Reichsstadt Ueberlingen, Borna-Leipzig 1911.
München: Das Kanonische Gerichtsverfahren und Strafrecht, Köln u. Neuß 1865—66.
Nagler: Die Strafe, Leipzig 1918.
Neue Peinliche Hals-Gerichtsordnung 1708 für das Königreich Böhmen, Markgraftum Mähren und Herzogtum Schlesien, Prag.
New international Encyclopaedia, New York 1926.
Niederösterreichische Landesgerichtsordnung von 1557, Wien 1560.
Normand: Traité élément. du droit criminel, Paris 1896.
Notes and Queries, London 1854 ff.
Oestergaarde, Lexikon, Berlin 1931.
Ofener Stadtrecht, hrsg. v. Michnay und Lichner, 1845.
Oldenberg: Zum ältesten Strafrecht der Kulturvölker, Leipzig 1905.
Osenbrüggen: Strafrecht der Longobarden, Schaffhausen 1863.
v. Overbeck: Das Strafrecht der französischen Encyclopädie, Karlsruhe 1902.
Pardessus: Lois maritimes antérieures au XVIIe Siècle, Paris 1824.
Pauly-Wissowa: Real-Encyclopädie der klassischen Altertumswissenschaft, Stuttgart 1921.
Perdriget: le fragment de Satyros sur les dèmes d'Alexandrie. Revue des Etudes Anciennes, Bordeaux 1910.
Pike: Crimes in England, London 1873.
Poppus: Holländisches Kriegsrecht, Straßburg 1644.
Potter: History of English Law, London 1932.

Poullet: Essai sur l'histoire du droit criminel dans l'ancienne principauté de Liège, 1874.
Poullet: Histoire du droit pénal dans l'ancien duché de Brabant 1867.
Powell: Rising in East Anglia in 1381, Cambridge 1896.
Quanter: Leibes- und Lebensstrafen bei allen Völkern und zu allen Zeiten, Dresden 1901.
Quanter: Die Schand- und Ehrenstrafen in der deutschen Rechtspflege, Dresden 1901.
Quellen zur Frankfurter Geschichte, hrsg. v. Grotfend, Frankfurt a. M. 1888.
Quellen zur Geschichte der Stadt Bayreuth, hrsg. v. Chr. Meyer, Bayreuth 1893.
v. Quistorp: Grundsätze des deutschen peinlichen Rechts, Rostock u. Leipzig 1915.
Rau: Beiträge zum Kriminalrecht der freien Reichsstadt Frankfurt a. M. im Mittelalter bis 1532, Frankfurt a. M. 1916.
Reville: Revue Historique, vol. 50, Paris 1892.
Rössler: Deutsche Rechtsdenkmäler aus Böhmen und Mähren, Bd. II, 1845 ff.
Rossi: Traité du Droit pénal, Leiden 1878.
Rousseaud de la Combe: Traité des matières criminelles, Paris 1757.
Sacker: Der Rückfall, Berlin 1892.
Sanson: Henker von Paris, Berlin 1930.
San Nicolo-Ungnad: Neubabylonische Rechts- u. Verwaltungsurkunden, Göttingen 1935.
Scheel: Das alte Bamberger Strafrecht vor der Bambergensis, Berlin 1903.
Schiller und Lübben: Mittelniederdeutsches Wörterbuch, Bremen 1878.
Schlesinger: Geschichte des Symbols, Berlin 1912.
Schmid: Altertümer des bürgerlichen und Strafrechts, München 1908.
Schmülling: Das Strafrecht der Stadt Köln, Münster 1931 (Diss.).
Schoppe: Schlesisches Räuber- und Gaunerwesen am Ausgang des Mittelalters in Schles. Monatsschr. 1925.
Schriften des Vereins für Geschichte des Bodensees, Leiden i. B. 1899.
Schuking (Buch der Lieder, Uebertragungen ins Französische sowie ins Deutsche sind vorhanden), Schanghai.
Schwiesow: Zwei Brandmarken aus dem jüngeren Strafenbuch in „Frankfurter Beiträge", Arthur Riehel gewidmet, Frankfurt a. M. 1933.
Shakespeares England, Oxford 1917.
Sidney: England and the English in the XVIIth Century, London 1891.
Sleumer: Kirchenlateinisches Wörterbuch, Limburg 1926.
Smith and Keep: A Treatise on crimes and misdemeanours, London 1896.
Stadtrecht von München, hrsg. v. Auer, München 1840.

Stahm: Das Strafrecht der Stadt Dortmund bis zur Mitte des XVI. Jahrhunderts, Heidelberg 1910 (Diss.).
Stallaert: Glossarium van verouderde Rechtstermen I, Leiden 1890.
Stammler: Deutsches Rechtsleben in alter und neuer Zeit, I, II, Berlin 1928.
Staub-Tober: Schweizerisches Idiotikon, Frauenfeld 1920.
Stephen: History of the criminal Laws of England, London 1883.
v. Stetten: Geschichte der Stadt Augsburg, Frankfurt a. M. u. Leipzig 1743.
Stöber: Klapperstein nebst ähnlichen Strafarten im Elsaß, Mühlhausen 1856.
Strafgesetze der Liang-Dynastie.
Temme: Lehrbuch des schweizerischen Strafrechts nach den Strafgesetzbüchern der Schweiz, Aarau 1855.
Tissot: Le droit pénal étudié dans ses principes, Paris 1897.
Trittmann: Handbuch der Strafrechtswissenschaft, Halle 1806.
Tschuli (Sitten und Gebräuche der Tscheu-Dynastie), Schanghai 1912.
Verwijs-Verdam: Middelnederlandsch Woordenboek, 1882 ff.
Warnkönig u. Stein: Französische Staats- und Rechtsgeschichte Basel 1846.
Wharton: Law Lexicon, London 1938.
Wilda: Strafrecht der Germanen, Halle 1842.
Wrede: Körperstrafe bei allen Völkern von den ältesten Zeiten bis in die Gegenwart, Dresden 1898.
Yang: Rechtsphilosophie Chinas, Schanghai 1932.
Zedler: Universallexikon, Halle und Leipzig 1732.
Zeitschrift für die gesamte Strafrechtswissenschaft (Z. f. d. g. Str.), Bd. 54, 1925.

Vom gleichen Verfasser:

Verfassungskämpfe in China, Zürich.

Der Geist der modernen chinesischen Gesetzgebungen, in Vorbereitung.

10623 Druck: A. W. Hayn's Erben, Berlin SO 36. Nr. VIII/99, 0.06.0513.570. 800. 9.48.

FSC
www.fsc.org
MIX
Papier | Fördert
gute Waldnutzung
FSC® C083411

Kolibri 360 GmbH
Ferdinand-Jühlke-Straße 7
99095 Erfurt, Deutschland
produktsicherheit@kolibri360.de